全国大学生机器人大赛组委会秘书处组织编写

竞技机器人比赛组织工作手册

基于全国大学生机器人大赛
ROBOTAC竞赛组织工作

主　编　王　旭

副主编　曾云甫　李　辉

U0319822

北　京

冶金工业出版社

2023

内 容 提 要

机器人竞赛是推动机器人技术研发、培养机器人技术工程师的重要方式。由于机器人技术具有学科交叉性强、技术前沿变化快、工程实践性强等特点，赛事的相关组织工作具有较高的专业性和复杂性。

本书基于 ROBOTAC 机器人竞赛近 8 年的举办经验，将有关组织工作进行规范化、标准化、流程化梳理，列出了各部分工作具体目标、要求，辅以丰富的执行表格、操作文档、思维导图等，优化了竞赛组织的流程和人员配置，使过程可考、可量化，具有很强的指导性和操作性。

本书通过实际操作案例，对全国大学生机器人大赛的组织、裁判及相关技术保障工作进行详细阐述，可作为各种科技类竞赛策划组织者、实施参与者的参考用书，工程管理人才培养的实践指导教材。

图书在版编目(CIP)数据

竞技机器人比赛组织工作手册：基于全国大学生机器人大赛 ROBOTAC 竞赛组织工作/王旭主编. —北京：冶金工业出版社，2023.3

ISBN 978-7-5024-9426-1

Ⅰ．①竞…　Ⅱ．①王…　Ⅲ．①机器人—运动竞赛—组织工作—手册　Ⅳ．①TP242-62

中国国家版本馆 CIP 数据核字（2023）第 040740 号

竞技机器人比赛组织工作手册

出版发行	冶金工业出版社	电　　话	（010）64027926
地　　址	北京市东城区嵩祝院北巷 39 号	邮　　编	100009
网　　址	www.mip1953.com	电子信箱	service@mip1953.com

责任编辑　刘小峰　美术编辑　彭子赫　版式设计　孙跃红
责任校对　郑　娟　责任印制　窦　唯
北京建宏印刷有限公司印刷
2023 年 3 月第 1 版，2023 年 3 月第 1 次印刷
710mm×1000mm　1/16；13 印张；231 千字；198 页
定价 80.00 元

投稿电话　（010）64027932　投稿信箱　tougao@cnmip.com.cn
营销中心电话　（010）64044283
冶金工业出版社天猫旗舰店　yjgycbs.tmall.com
(本书如有印装质量问题，本社营销中心负责退换)

编写人员

主　编：王　旭

副主编：曾云甫　李　辉

参编人员（按姓氏笔画排序）：

王洪阳　王鹏侠　孙　政　何春燕

张希琛　张松松　徐立业　蔡月日

前　言

ROBOTAC（Robot + Tactic）是中国原创的国家级机器人竞技赛事。赛事融合了体育竞赛的趣味性和科技竞赛的技术性。比赛以机器人设计制作为基础，参赛双方的多台机器人组成战队，采用对抗竞技的形式进行比赛。在规则要求下，参赛队自由发挥想象，自行设计制作机器人的"攻击武器"和"行走机构"，根据地形和规则选择不同策略和战术，在机器人的相互配合和对抗中完成比赛。

赛事宗旨在于引导学生进行任务分析、创意提出、方案设计、制作加工、程序编写、装配调试、模拟练习、对抗竞技等机器人开发应用的完整流程，从而激发学生的创造力和想象力、增强学生的实践能力和心理素质、培养团队合作精神。2015年，ROBOTAC赛事被纳入"全国大学生机器人大赛"系列，成为与ROBOCON、ROBOMASTER并列的三大竞技赛事之一。2019年，ROBOTAC赛事被纳入中国高等教育学会发布的全国普通高校学科竞赛评估体系。

组织机器人竞赛，既要考虑大型活动组织的通用性，又要顾及技术型竞赛的特殊性。本书基于ROBOTAC机器人竞赛近8年的举办经验，将有关组织工作进行规范化、标准化、流程化梳理，列出了各部分工作具体目标、要求,辅以丰富的执行表格、操作文档、思维导图等,优化了竞赛组织的流程和人员配置,使过程可考评、可量化,具有很强的指导性和操作性。本书可以作为各种科技类竞赛策划组织者、实施参与者的参考用书,对于提高相关组织工作的效率、提升参赛者的参赛体验将有一定的帮助。

王 旭

2022年6月

目　　录

1 总　指　挥

1.1　工作目标

（1）保障赛事及有关活动安全、有序、公平、高效完成。

（2）赛事主承办方、组织方、参赛方、合作方、专家嘉宾等各参与方获得良好的参与体验。

（3）赛事及有关活动取得广泛良好的影响。

1.2　岗位职责

（1）邀请重要领导及嘉宾出席，确定出席领导名单、嘉宾名单。

（2）赛事相关信息确认及共享传达，具体包括：确定比赛日程，确定工作人员并制作部门通讯录，导出赛事报名系统填报的信息，制作参赛手册及小程序，编写组委会工作手册。

（3）赛前赛后及比赛期间各部门的沟通和协调。

（4）活动后的收尾工作，具体包括：发放赛事满意度调查，统计工作人员劳务，组织复盘会。

（5）总指挥助理辅助总指挥完成事务性工作：在赛事通知群中发布通知、答疑，处理机动工作。

🦾 1.3 信息沟通

沟通部门	沟通内容	说　明
各部门	人员、物资、计划、收尾	建立工作群、启动会+沟通会； 关键活动、环节准时开始，准时完成； 赛后7日内完成收尾工作:满意度、考核、劳务、复盘
执委会	工作组对接	建立联合工作群、对接会
参赛校	及时发布、回复有关信息	建立赛事通知群

🦾 1.4 支撑附件

附件1.1　工作组负责人通讯录

附件1.2　参赛手册

附件1.3　对接工作备忘

附件1.4　工作组工作日程甘特图

附件1.5　赛事满意度调查

附件1.6　组委会考核表

附件1.1 工作组负责人通讯录

机器人大赛工作组负责人通讯录

部门	编号	组别	负责人	联系方式	备注
总指挥	B1	总指挥			北京
	B2	总指挥			北京
		总指挥			执委会
		总指挥			执委会
安全部	B3	部长			北京
		部长			执委会
综合部	B4	部长			北京
	B5	物资组			北京
		物资组			执委会
	B6	场馆组			北京
		场馆组			执委会
	B7	设计组			北京
	B8	志愿者			北京
		志愿者			执委会
活动部	B9	部长			北京
		部长			执委会
竞赛部	B10	部长			北京
	B11	专家组			北京
	B12	裁判组			北京
	B13	场地道具组			北京
总务部	B14	部长			北京
		部长			执委会
导演部	B15	部长			北京
宣传部	B16	部长			北京
		成员			执委会

附件1.1 工作组
负责人通讯录

附件1.2 参赛手册

第××届全国大学生机器人大赛ROBOTAC
参 赛 手 册

目 录

1 赛事情况

1.1 全国大学生机器人大赛(ROBOTAC)简介

　　全国大学生机器人大赛(China University Robot Competition)是一项中国大学生机器人技术创新、工程实践、公益性竞赛活动,每年举办一届。

　　ROBOTAC(Robot+Tactic)是中国原创的国家级机器人竞技赛事。赛事融合了体育竞赛的趣味性和科技竞赛的技术性。比赛以机器人设计制作为基础,参赛双方的多台机器人组成战队,采用对抗竞技的形式进行比赛。

在规则要求下,参赛队自由发挥想象,自行设计制作机器人的"攻击武器"和"行走机构",根据地形和规则选择不同策略和战术,在机器人的相互配合和对抗中完成比赛。

赛事宗旨在于引导学生进行任务分析、创意提出、方案设计、制作加工、程序编写、装配调试、模拟练习、对抗竞技等机器人开发应用的完整流程,从而激发学生的创造力和想象力、增强学生的实践能力和心理素质、培养团队合作精神。

2015 年,ROBOTAC 赛事进入"全国大学生机器人大赛"系列,成为与 ROBOCON、ROBOMASTER 并列的三大竞技赛事之一。2019 年,ROBOTAC 赛事被纳入中国高等教育学会发布的全国普通高校学科竞赛评估体系。

1.2 大赛概要

名　　　称:第××届全国大学生机器人大赛ROBOTAC赛事
主办单位:
支持单位:
承办单位:
时　　间:××××年××月××日—××月××日
地　　点:

直播二维码　　微信公众号二维码

官网:http://www.robotac.cn(获取正式通知、文件、资料)
抖音:ROBOTAC(查看赛事相关创意短视频)
B站:ROBOTAC(观看赛事宣传片、纪录片)
微博:ROBOTAC(查看赛事周边咨询)
腾讯视频:搜索ROBOTAC观看历届比赛视频

1.3 比赛规则要点

(1)参赛队伍可以根据场地特点,制定自己特有的战术和策略,通过守卫己方信号塔,攻击对方信号塔或在对方信号塔上放置干扰器得分。

(2)ROBOTAC 机器人竞赛是红、蓝两方机器人在规定场地上的攻防对抗比赛。比赛过程中,双方的多台机器人需要穿越障碍、相互攻击、进攻对方堡垒,得分多的一方获胜。

（3）双方机器人上安装有组委会统一提供的生命柱，每套生命柱有三档生命值，当机器人受到一次攻击时，生命值降一档，降满三档后，则机器人被"击毁"，自动断电。

（4）得分方式：机器人攻击对方信号塔或在对方信号塔上放置干扰器。

（5）速胜条件：当一方机器人在对方信号塔的基座和顶部都放置至少一个干扰器时，该方立即取得比赛胜利。

（6）每场比赛时间为3分钟。

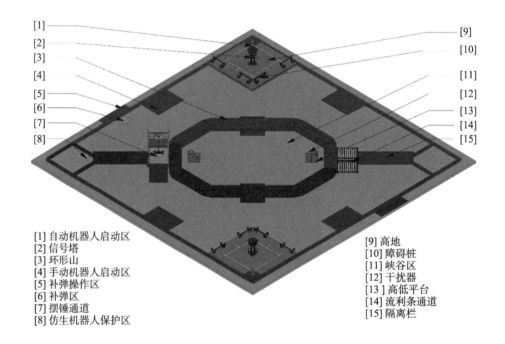

[1] 自动机器人启动区
[2] 信号塔
[3] 环形山
[4] 手动机器人启动区
[5] 补弹操作区
[6] 补弹区
[7] 摆锤通道
[8] 仿生机器人保护区

[9] 高地
[10] 障碍桩
[11] 峡谷区
[12] 干扰器
[13] 高低平台
[14] 流利条通道
[15] 隔离栏

1.4 评审委员会、裁判委员会、工作人员名单

评审委员会名单

主　任：

副主任：

委　员（按姓氏笔画顺序）：

裁判委员会名单

裁判长：

裁　判（按姓名字母顺序）：

工作人员名单

总指挥：

副总指挥：

安全部：

综合部：

竞赛部：

导演部：

活动部：

总务部：

宣传部：

1.5　参赛院校名单（按校名字母顺序）

序号	学　校	序号	学　校
1		21	
2		22	
3		23	
4		24	
5		25	
6		26	
7		27	
8		28	
9		29	
10		30	
11		31	
12		32	
13		33	
14		34	
15		35	
16		36	
17		37	
18		38	
19		39	
20		40	

2　比赛安排

2.1　报到须知

（1）防控核查。所有到场参赛队员、教师需出示疫苗全程接种证明及大数据行程卡或者48小时内核酸阴性检测结果，每人均需要提供电子版或者纸质版。

（2）签署承诺书。参赛队现场签署一份《疫情防控承诺书》和一份《安全承诺书》。

（3）出示人身意外险购买凭证。每位参赛队员、教师均需购买不低于10万元保额的意外险。

（4）领取资料袋。参赛队队长签到并上报到场队员人数和到场指导教师人数，领取参赛队资料袋，资料袋中含"领队证（1个）、指导教师证、参赛证、参赛手册等"。

（5）领队或队长扫码加入"比赛通知微信群"，队长扫码加入"××××赛季交流群"。

2.2 比赛日程

时间	内　容	地点	备　注
×月×日（周×）	8:30—12:00 报到		按备馆区号进入备馆区域,不得使用场地
	10:00—15:30 机器人检查、拍照①		称重区
	16:00—17:00 热身赛②		报名参赛队
	17:00—18:00 开幕式彩排		每校2人,带校旗③
	9:00—10:00 裁判员会议		裁判员参加
	14:00—15:00 领队会,抽签仪式		每校领队、队长2人
	15:00—16:30 指导教师交流会		指导教师每队1人
×月×日（周×）	8:30—9:00 开幕式		
	9:00—16:30 障碍挑战赛		37场,蓝方高地
	9:00—16:30 移动射击赛		34场,红方高地
	18:00—19:30 仿生竞速赛		主场地
	18:00—20:30 线上单项赛		
×月×日（周×）	9:00—12:00 小组循环赛		32场
	14:00—15:30 小组循环赛		
	16:50-17:50 复赛16进8（八分之一决赛）		8场
	17:00—18:00 闭幕式颁奖彩排④		前8强队长
×月×日（周×）	9:00—9:30 复赛8进4(四分之一决赛)		4场
	9:40—9:55 半决赛		2场
	10:10—10:30 决赛		
	10:30—11:30 颁奖、闭幕式		
	14:30—15:30 技术交流		

①赛前检查完成后,跟随志愿者指引,拍摄机器人全家福。

②参加热身赛(5场)的参赛队应自寻对手,于×月×日16:00前发送邮件至xxxx@126.com进行报名,额满为止。邮件主题:热身赛报名(×××学校 VS ×××学校)。热身赛对阵结果将于×月×日中午发出。

③开幕式彩排请留意赛事通知群及领队短信,校旗尺寸标准为4号旗。

④前8强队长参加,告知闭幕式流程。

2.3 机器人赛前检查

(1)××××年××月××日 10:00—15:30 期间,机器人需要在赛场"称重区"进行赛前检查。称重区备有电子秤,队员自行测量并记录机器人重量,裁判不做记录。现场设置炮弹射程距离测试区,队员自行测量并调试炮弹射程。

(2)裁判员检查机器人的结构和电源连接方式。参赛队有责任向裁判员展示机器人能够执行的动作,由裁判来判定是否有安全隐患。自动机器人进场地展示全部动作。

(3)机器人检查合格后,裁判员给机器人贴"合格标签",具有"合格标签"的机器人才可以进场比赛。

(4)检查完成后,请听从志愿者指引,拍摄参赛机器人照片。

(5)正式比赛时,在进入候场区之前检录称重,由裁判记录数据。

(6)裁判为检查生命柱、堡垒的可靠性,在检查时有权要求参赛队协助参与测试。

2.4 比赛场地布局

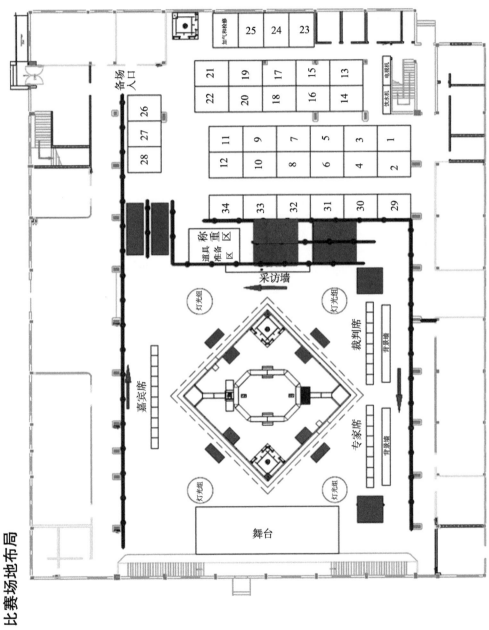

2.5 赛制与分组方式

2.5.1 障碍挑战赛

(1)"障碍挑战赛"中各队依据抽签顺序依次出场进行比赛。

(2)每场比赛共10分钟,有两次运行机会,每次运行时长最长2分钟。

(3)比赛时间见《障碍挑战赛比赛时间表》。

××××年××月××日 红方高地

障碍挑战赛比赛时间表

时间	出场顺序(抽签)	时间	出场顺序(抽签)
9:00—9:10	1	13:30—13:40	19
9:10—9:20	2	13:40—13:50	20
9:20—9:30	3	13:50—14:00	21
9:30—9:40	4	14:00—14:10	22
9:40—9:50	5	14:10—14:20	23
9:50—10:00	6	14:20—14:30	24
10:00—10:10	7	14:30—14:40	25
10:10—10:20	8	14:40—14:50	26
10:20—10:30	9	14:50—15:00	27
10:30—10:40	10	15:00—15:10	28
10:40—10:50	11	15:10—15:20	29
10:50—11:00	12	15:20—15:30	30
11:00—11:10	13	15:30—15:40	31
11:10—11:20	14	15:40—15:50	32
11:20—11:30	15	15:50—16:00	33
11:30—11:40	16	16:00—16:10	34
11:40—11:50	17	16:10—16:20	35
11:50—12:00	18	16:20—16:30	36

2.5.2 移动射击赛

(1)"移动射击赛"中各队依据抽签顺序依次出场进行比赛。

(2)每场比赛共10分钟,有两次运行机会,每次运行时长最长2分钟。

(3)比赛时间见《移动射击赛比赛时间表》。

××××年××月××日 蓝方高地

移动射击赛比赛时间表

时间	出场顺序(抽签)	时间	出场顺序(抽签)
9:00—9:10	1	11:30—11:40	16
9:10—9:20	2	11:40—11:50	17
9:20—9:30	3	11:50—12:00	18
9:30—9:40	4	13:30—13:40	19
9:40—9:50	5	13:40—13:50	20
9:50—10:00	6	13:50—14:00	21
10:00—10:10	7	14:00—14:10	22
10:10—10:20	8	14:10—14:20	23
10:20—10:30	9	14:20—14:30	24
10:30—10:40	10	14:30—14:40	25
10:40—10:50	11	14:40—14:50	26
10:50—11:00	12	14:50—15:00	27
11:00—11:10	13	15:00—15:10	28
11:10—11:20	14	15:10—15:20	29
11:20—11:30	15	15:20—15:30	30

2.5.3 仿生竞速赛

(1)"仿生竞速赛"比赛为红、蓝双方的对抗竞速赛,比赛分为初赛和复赛,初赛为小组循环赛,复赛为单场决胜的淘汰赛。

(2)初赛:

1)初赛为分组循环赛。通过中期检查的8支参赛队分为A/B共2组,每组4队。通过电子抽签后,各学校按照抽得的序号排入各组,如下表所示:

A 组	
A1	1
A2	3
A3	5
A4	7

B 组	
B1	2
B2	4
B3	6
B4	8

注:如到场参赛校不足4队(因犯规罚下机器人算到场参赛),则通过抽签后直接进行淘汰赛。

2)初赛为小组循环赛,胜者积3分,负者无积分,依据规则1.3(3)条款判定胜负,不设平局。

3)对阵场次见下表:

仿生竞速赛小组循环赛场序及时间表

序号	时间	红队	蓝队
1	18:00—18:06	A2	A4
2	18:06—18:12	B2	B4
3	18:12—18:18	A1	A3
4	18:18—18:24	B1	B3
5	18:24—18:30	A4	A1
6	18:30—18:36	B4	B1
7	18:36—18:42	A2	A3
8	18:42—18:48	B2	B3
9	18:48—18:54	A3	A4
10	18:54—19:00	B3	B4
11	19:00—19:06	A1	A2
12	19:06—19:12	B1	B2
13	19:12—19:18	g1	g3
14	19:18—19:24	g4	g2
15	19:24—19:30	h1	h2

(3)复赛:

1)复赛为一场决胜的淘汰赛。

2)依据规则1.3(3)条款判定胜负,不设平局。

3)根据初赛组内积分情况,各组排名前2位的队伍取得复赛资格。复赛按复赛对阵图对阵,图中A1为A组积分第一名,A2为A组积分第二名,其余类推。

4)对阵场次见"仿生竞速赛"复赛对阵图。

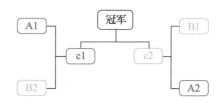

"仿生竞速赛"复赛对阵图

2.5.4　对抗赛

(1)"5G新时代"对抗赛分为初赛和复赛两个比赛阶段,初赛为小组循环赛,复赛为一场决胜的淘汰赛。

(2)根据目前报名的队伍数量32支,参赛队经过抽签分为A~H共8个小组,其中A组、B组、E组、F组小组每组4支队伍,C组、D组、G组、H组每组5支队伍,进行小组循环赛。

A组			B组			C组			D组	
A1	1		B1	2		C1	3		D1	4
A2	9		B2	10		C2	11		D2	12
A3	17		B3	18		C3	19		D3	20
A4	25		B4	26		C4	27		D4	28

E组			F组			G组			H组	
E1	5		F1	6		G1	7		H1	8
E2	13		F2	14		G2	15		H2	16
E3	21		F3	22		G3	23		H3	24
E4	29		F4	30		G4	31		H4	32

(3)初赛:

1)初赛为小组循环赛,胜一场积3分,平局双方各积1分,负一场积0分。

2)小组循环赛结束后,每个小组排名前2位的队伍晋级复赛。组内按各队积分进行排名:①如果积分相同,则比赛净得分(得分减去失分)多的队排名靠前;

②如果净得分也相同,机器人总重量轻的队排名靠前。

3)对阵场次见对抗赛小组循环赛场序及时间表。

(4)复赛。

1)复赛为一场决胜的淘汰赛。

2)若出现平局,则进行2分钟加时赛。加时赛中,双方各选一台机器人,率先对对方堡垒实现一次有效攻击的一方获胜。如2分钟后两队均未实现有效攻击,则此时机器人距离对方堡垒最近的一方获胜。如果仍为平局,则按出场机器人重量判决,重量轻的一方获胜。

3)根据初赛组内积分情况,各组排名前2位的队伍取得复赛资格。复赛按复赛对阵图对阵,图中A1为A组积分第一名,A2为A组积分第二名,其余类推。

4)对阵场次见对抗赛复赛对阵图与对抗赛复赛场序时间表。

(5)小组赛时间表:

对抗赛小组循环赛场序及时间表

时间:××××年××月××日

时间	场序	红方	蓝方	备注
	1	A2	A4	
	2	B2	B4	
	3	C2	C4	
	4	D2	D4	
	5	E2	E4	
9:00—10:00	6	F2	F4	
	7	G2	G4	
	8	H2	H4	
	9	A1	A3	
	10	B1	B3	
	11	C1	C3	
	12	D1	D3	
	13	E1	E3	
	14	F1	F3	
	15	G1	G3	
	16	H1	H3	
10:00—11:00	17	A4	A1	
	18	B4	B1	
	19	C4	C1	
	20	D4	D1	
	21	E4	E1	
	22	F4	F1	

续表

时间	场序	红方	蓝方	备注
11:00—12:00	23	G4	G1	
	24	H4	H1	
	25	A2	A3	
	26	B2	B3	
	27	C2	C3	
	28	D2	D3	
	29	E2	E3	
	30	F2	F3	
	31	G2	G3	
	32	H2	H3	
14:00—15:30	33	A3	A4	
	34	B3	B4	
	35	C3	C4	
	36	D3	D4	
	37	E3	E4	
	38	F3	F4	
	39	G3	G4	
	40	H3	H4	
	41	A1	A2	
	42	B1	B2	
	43	C1	C2	
	44	D1	D2	
	45	E1	E2	
	46	F1	F2	
	47	G1	G2	
	48	H1	H2	

注:以上时间为预估时间,仅供参考,请各参赛队实时关注比赛进度。上午比赛若未按计划结束可能延至下午,但下午的比赛场次不会提前至上午。

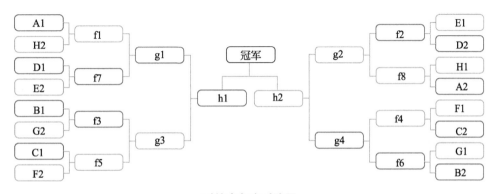

对抗赛复赛对阵图

对抗赛复赛场序时间表

时间:××××年××月××日

×1为×小组出线第一名;×2为×小组出线第二名;×=A, B, C, D, E, F, G, H。

场序	时间	红半场	蓝半场	晋级队编号
		复赛十六进八		
1		A1	H2	f1
2		D2	E1	f2
3		B1	G2	f3
4	16:50—17:50	C2	F1	f4
5		C1	F2	f5
6		B2	G1	f6
7		D1	E2	f7
8		A2	H1	f8
	时间:××××年××月××日			
		复赛八进四		
场序	时间	红半场	蓝半场	晋级队编号
1		f7	f1	g1
2	9:00—9:30	f2	f8	g2
3		f3	f5	g3
4		f6	f4	g4
		半决赛		
5	9:40—9:55	g1	g3	h1
6		g4	g2	h2
		决赛		
7	10:10—10:30	h1	h2	

2.6 奖项设置及申评要求

本届大赛设优秀指导教师奖、最佳策略奖、最佳创意奖、最佳工业设计奖、最佳技术奖、优秀组织奖,其中优秀指导教师、最佳技术、最佳工业设计、优秀组织奖项需到官网"资料下载"页(网址)下载对应的申请表,根据表格内容要求在×月×日17点前提交至×××@126.com。速胜挑战赛、障碍挑战赛、多点射击赛分别设一等奖、二等奖、三等奖。

2.7 赛事服务中心

(1)职能:赛事组织、服务相关问题咨询、失物招领、获奖证书领取。

(2)地点:×楼×层×××室 组委会办公室。

3 举办地情况

3.1 ××市概况

××××市介绍

3.2 地点信息

（1）比赛地点：

××市××区××路××××。导航地图软件搜索："××××"（地图）

（2）报到地点：

××××区0号馆（地图）

4 合作伙伴（略）

附件1.2 参赛手册

对接工作备忘

1 对接要点

(1)建立基本信任关系。

(2)介绍(本届)赛事基本情况,提高认知,提高思想高度,树立服务意识。

(3)本届重要事件,如大领导,接待,活动等。

(4)主要日程安排。

2 具体工作

(1)总指挥

负责各组经费支出报销、对外结算。

(2)安全部负责人

1)对接会要求安保总负责人及安保现场负责人到场。

2)安保现场负责人需认识各组负责人。

3)维持观众秩序及其他安保任务。

4)消防保障。

5)负责比赛期间的突发意外、疾病的医疗保障。

(3)综合部场馆组负责人

1)负责比赛场馆硬件设施,如空调、灯光、开门锁门时间等。

2)负责比赛用房间协调及房间内设施,如会议室、办公室等,比赛场地、备馆区的电路、设施设备,比赛物资保管、存放。

3)舞台、大屏、音响、灯光的施工管理,与导演部对接调试流程。

4)负责场馆内部设计、装饰施工,与设计部负责人对接。

(4)综合部志愿者负责人

1)根据《志愿者岗位及分工安排表》,进行志愿者招募,组织志愿者动员会和基本素质培训。

2)负责志愿者的吃、住、行安排。

(5)活动部负责人

开闭幕式环节设计、出席领导。

(6)总务部负责人

1)手册信息收集(周边餐饮信息、周边住宿信息、车辆租赁信息、抵达交通信息、机器人运输方案)。

2)比赛期间的用餐方案,如是否统一提供餐饮、合适的用餐地点、卫生管理。

3)比赛期间的饮水方案。赛场、准备区提供桶装饮用水,专家、嘉宾、裁判提供瓶装水。

4)参赛队住宿补贴报销、机器人托运安排。

5)安排专人与接送站组、住宿与通勤组、餐饮组对接。

(7)导演部负责人

1)安排舞台、音响、灯光、拍摄负责人与组委会导演部部长对接。

2)提供组委会导演部拍摄、直播方案的设备需求,安排专人调试设备。

3)对接活动组、竞赛部,明确比赛流程。

4)提供开闭幕式方案、颁奖流程、领导名单。安排开闭幕式彩排,提供主持人、主持词,节目编排,颁奖礼仪培训。

5)安排专人与导演部部长对接开闭幕式所需视频、音乐以及比赛期间视频、音乐。

(8)宣传部负责人

1)撰写新闻稿,联系新闻发布渠道;汇总媒体报道对接给组委会。

2)接待记者,安排采访,组织媒体见面会。

附件1.3 对接
工作备忘

附件1.4　工作组工作日程甘特图

日程	1	2	3	4	5	6	7	8	9	10	11	12	13	14	15
总指挥					参赛手册第1稿						参赛手册第二稿			参赛手册发布	
安全部		确认安全负责人			防波政策、安全预案										
综合部（物资）		物资增项表				物资数量测算									
综合部（设计）					3D效果图	画面核对					画面修改		画面定稿		
综合部（志愿者）				确认志愿者招募情况	统计服装尺码						服装下单制作		服装下单制作		
活动部						开闭幕式主持人、主持词催促									
竞赛部		裁判人员确认、裁判系统功能确认													
竞赛部（裁判）								裁判人员确定			裁判工作实施细则、分工、工作流程制定				
竞赛部（场地）				场地布局设计完成			场地物料核对测算				场地物料核对测算				
总务部		住宿方案、餐饮方案			人员信息填表						工作人员信息统计截止				
导演部		视频皮肤、解说人员招募、直播团队对接													
宣传部															

续表

日程	16	17	18	19	20	21	22	23	24	25	26	27	28	29	30	31
总指挥																
安全部			安全部所需物资									签署安全承诺书				
综合部（物资）			统计证件数量												物资清点	
综合部（设计）	小样核对		第一批制作						小样核对	第二批制作						场地布置
综合部（志愿者）															志愿者到位培训	
活动部												开闭幕式方案、流程确认				
竞赛部																
竞赛部（裁判）																
竞赛部（场地）																入场搭建
总务部	制作嘉宾邀请函		预定工作人员、裁判酒店房间	车票购买								嘉宾邀请				
导演部	赛前预热策划															
宣传部																

附件 1.4　工作组
工作日程甘特图

附件1.5　赛事满意度调查

赛事满意度调查

目　录

0　分流问题

(1)(单选)您的身份是?

　　A. 组委会工作人员　　　　　B. 执委会工作人员

　　C. 参赛队员　　　　　　　　D. 指导老师

　　E. 大赛志愿者　　　　　　　F. 专家

　　G. 嘉宾

1　赛事体验(总指挥)

(1)(评分)请对本届赛事整体体验进行打分评价。

(2)(矩阵)请对本届赛事以下环节的体验进行打分评价。

　　A. 参赛手册发布及时准确

　　B. 比赛进程、相关活动安排合理

　　C. 赛事组织专业有序

D. 赛务号回复问题及时准确

(3)(填空)您觉得本届赛事在组织方面上还存在哪些不足?

2　赛事安全(安全部)

(1)(评分)请对本届赛事的安全保障工作进行整体打分评价。

(2)(矩阵)请对本届赛事以下安全工作环节进行打分评价。

  A. 活动安保　 B. 场馆安全

  C. 疫情防控　 D. 医疗保障

  E. 消防安全

(3)(填空)您觉得本届赛事的安全保障工作上还存在哪些不足?

3　赛事筹备(综合部)

3.1　物资组(组委会、执委会)

(1)(评分)请对本届赛事的物资工作进行整体打分评价。

(2)(矩阵)请对本届赛事物资工作的以下方面进行打分评价。

  A. 物资到位及时无误

  B. 物资发放及时

  C. 办公室管理整洁有序

  D. 赛事服务到位有序(报到处、赛事服务中心)

(3)(填空)您觉得本届赛事的物资服务工作还存在哪些不足?

3.2　场馆组

(1)(评分)请对本届比赛场馆工作进行整体打分评价。

(2)(矩阵)请对本届比赛场馆工作的以下方面进行打分评价。

  A. 场馆布局及功能区划分合理

  B. 场馆设施功能齐全

  C. 备馆设备物资齐全

  D. 场馆开放管理合理有序

(3)(填空)您觉得赛事场馆工作还存在哪些不足之处?

3.3　设计组

(1)(评分)请对本届赛事的环境设计进行整体打分评价。

(2)(矩阵)请对本届赛事环境设计的以下方面进行打分评价。

  A. 主题背景　 B. 场馆氛围装饰　 C. 宣传印刷品

(3)(填空)您觉得本届赛事在环境设计上还存在哪些不足?

3.4 志愿者(问题分流)

(1)(评分)作为赛事参与者,请对本届赛事志愿者的服务进行整体打分评价。
(除了志愿者)

(2)(评分)作为志愿者,请对本届赛事的志愿服务活动组织进行整体打分评价。

(3)(矩阵)作为志愿者,请对本届赛事志愿活动以下方面的体验进行打分评价。

A.日程安排 B.岗位培训

C.岗位工作 D.经验成长

(4)(填空)您觉得本届赛事在志愿服务方面还存在哪些不足?(所有人)

4 赛事活动(活动部)

(1)(评分)请对本届赛事的相关活动(领队会、开闭幕式、论坛交流等)进行整体打分评价。

(2)(矩阵)请对本届比赛赛事活动工作的以下方面进行打分评价。

A.活动信息发布及时准确

B.活动组织高效有序

C.活动形式新颖有创意

(3)(填空)您觉得本届赛事在赛事活动上还存在哪些不足?

5 裁判工作(竞赛部)

(1)(评分)请对本届赛事的裁判工作进行打分评价。

(2)(矩阵)请对本届比赛以下方面的体验进行打分评价。

A.比赛方案、裁判实施细则等相关文件发布及时准确

B.裁判执裁专业公正

C.裁判执裁有序高效

D.争议处理及时有效

E.比赛成绩发布及时准确

F.比赛场地、比赛道具可靠

(3)(填空)您觉得本届比赛在裁判工作方面还存在哪些不足?

6 接待服务（总务部）（组委会、专家、嘉宾）

(1)（评分）请对本届赛事的接待工作进行整体打分评价。

(2)（矩阵）请对本届赛事接待工作的以下方面进行打分评价。

  A. 接送站   B. 日常车辆通勤

  C. 住宿安排   D. 餐饮安排

  E. 赛事及活动参与

(3)（填空）您觉得本届赛事在人员接待、后勤保障上还存在哪些不足？

7 赛事直播（导演部）

(1)（评分）请对本届赛事的赛事直播情况进行整体打分评价。

(2)（矩阵）请对本届赛事直播的以下方面进行打分评价。

  A. 机器人运行画面捕捉准确,画面切换逻辑清晰

  B. 解说评论准确精彩

(3)（填空）您觉得本届赛事在赛事直播方面还存在哪些不足？

8 赛事宣传（宣传部）

(1)（评分）请对本届赛事的宣传工作进行整体打分评价。

(2)（矩阵）请对本届赛事宣传工作的以下方面进行打分评价。

  A. 官方宣传:公众号、抖音、微博   B. 照片直播

  C. 媒体报道   D. 互动设计

(3)（填空）您觉得本届赛事在宣传工作上还存在哪些不足？

  为了不断提高办赛水平,请您在百忙之中抽出时间,填写此份调查问卷,对赛事组织工作提出宝贵建议,感谢您的支持与帮助!

  参与抽奖

附件 1.5　赛事
满意度调查

附件 1.6 组委会考核表

全国大学生机器人大赛组委会赛事组织工作考核表

考核点	内容	总指挥	安全部	综合部	活动部	竞赛部	总务部	导演部	宣传部	评价占比	说明
岗位职责完成情况	赛事满意度调查表得分									20%	同卷统计,低于8.5或高于9.0进行相应奖惩
信息沟通情况	赛事组织工作手册中明确的沟通点完成情况									20%	总指挥核查
	工作部/组例会情况									20%	总指挥评价
支撑附件情况	附件修订、汇报发布及时									20%	总指挥评价
	附件数量、内容完整无遗漏									20%	总指挥核查
	附件补充完善、合并、修改情况									加分项	部长提交
工作补漏、特殊情况处理说明										附加项	部长说明+总指挥说明

附件 1.6 组委会
考核表

2 安　全　部

 ## 2.1　工作目标

(1)保障赛事及有关活动、场地场馆、参与人员安全。
(2)灾害天气预警,电力通讯保障。
(3)发生意外事件及时响应、妥善处理。

 ## 2.2　岗位职责

(1)赛前制定相关安全方案并保存留档,组织参赛队伍签订安全方案。
(2)设置医疗应急点,制定防控安全方案。
(3)制定消防安全预案,确保场馆消防通道及逃生路线切实可行。
(4)组织赛期安保工作,防止暴恐。
(5)制定防暑防汛方案,应对极端天气对比赛带来的影响。
(6)确保赛事的保障工作顺利进行,例如通讯、电力等。

 ## 2.3　信息沟通

与承办方公安、消防、医疗、防控、防汛、安保、通讯、电力部门协同,关注灾害天气等变化。

 ## 2.4　支撑附件

附件2.1　参赛队安全承诺书

附件2.1   参赛队安全承诺书

参赛队安全承诺书

为保证本届赛事安全顺利进行,本人代表我校参赛队在此作出如下承诺:

一、严格遵守中华人民共和国各项法律法规,自觉服从大赛组委会制定的赛事活动议程安排,遵守赛事活动有关规定。

二、比赛过程中,安全第一,为本校所有参赛师生购买人身意外保险,对参赛队队员安全负责,熟悉比赛场地安全通道位置,并在紧急情况发生时按照工作人员指示撤离。

三、服从比赛场馆进出门物品安检要求,在任何情况下,不携带或使用任何易燃、易爆、剧毒、管制刀具等违禁物品;遵守举办地和大赛组委会疫情防控要求并提供相关证明材料。

四、服从比赛场地开闭馆时间规定,参赛队员全程佩戴口罩及参赛证件。

五、比赛期间服从场地安全用电规定,如有设备充电、用电,须安排专人值守;妥善保管好赛队财物及个人财物。

六、不蓄意破坏场馆设施,不在赛场走廊内打闹、喧哗、扔掷物品,不进入场地规定以外区域,不在场地内吸烟喝酒。

七、比赛期间产生的物资垃圾、生活垃圾等应及时丢弃在指定位置。

八、文明比赛,不中途退赛,不辱骂裁判、对手及工作人员,服从裁判的判罚。

九、服从备馆区管理规定,作为第一负责人承担本参赛队备馆区安全卫生责任。

十、如在比赛场地或比赛期间发生意外事件,在事件发生后立刻向大赛组委会说明事件原委,并协助组委会妥善处理。

本人声明已仔细阅读上述内容并自觉履行各项条款,同时告知赛队全体参赛人员,如违反上述条款造成的相关后果自行承担责任。

参赛校:　　　　领队教师:

　　　　　　　年　　月　　日

附件2.1   参赛队
　　安全承诺书

附件2.2 疫情防控方案

第××届全国大学生机器人大赛ROBOTAC赛事新冠肺炎疫情防控方案

根据国家、省、市关于新冠肺炎疫情常态化防控国内工作相关部署，为切实做好第××届全国大学生机器人大赛ROBOTAC赛事新冠肺炎疫情常态化防控工作，制定本方案。

一、赛事介绍

全国大学生机器人大赛ROBOTAC赛事，以机器人设计制作为基础，参赛双方的多台机器人组成战队，采用对抗竞技的形式进行比赛。自办赛以来，在推动广大青年学生参与科技创新实践、培养工程实践能力、提高团队协作水平、培育创新创业精神方面发挥了积极作用。

二、总体要求

1. 全方位加强赛事场馆的监控监管，合理规划场馆区域及通道。

2. 对所有参赛人员及工作人员实行健康管控，严格检查核酸阴性证明、疫苗接种全剂量证明，做好日常体温健康监测。

3. 强化疫情防控培训，对所有工作人员开展疫情预防知识、突发事件应急处置等方面的培训，确保工作人员具备必需的防控和处置知识与能力。健全防控工作责任制和管理制度，落实防控应急预案，把防控责任细化到具体个人。

4. 做好发现疫情时的应对处置，发现疑似或确诊病例时，要立即启动应急预案，做好现场管理，配合疾控部门采取隔离措施，加强密切接触者追踪、疫点消毒等工作，并及时终止赛事。

三、疫情防控具体方案

（一）赛前准备工作

1. 配备防护物资。大赛组委会应准备好一次性医用外科口罩、N95口罩、速干型手消毒剂或消毒湿巾（含75%酒精）、洗手液、"84"消毒剂、一次性手套、红外线自动测温仪等防控物资。

2. 设置临时隔离区域（室）。在比赛场馆报到处和赛场入口处附近，选择1~2

个通风良好、相对独立的房间或区域(室)作为临时隔离观察场所,并设置专用防疫通道,用于对有发热或呼吸道症状的人员进行临时处置。隔离场所标识明确,外围设置警戒线。赛期内配备专业医护人员全程值守。

3. 设立体温检测点、"健康码"及行程码查验点。在比赛场馆入口处设体温检测点和健康码及行程码查验点,检测点设立多条体温检测通道,对所有进入场馆人员进行体温测量、健康码或行程码核验。

4. 进行预防性消毒。赛前1~2天对大赛场馆(场地、房间、电梯、卫生间等)中的物品、门把手、地面等进行全面清洁、消毒。

5. 设置废弃口罩专用垃圾桶。在赛场设置一定数量医疗废弃物专用垃圾桶,用于投放使用过的一次性口罩。

6. 申领健康码和行程码。所有参会人员及工作人员须提前14天申领"健康码"或国家防疫健康码和行程码,并每日进行更新。

7. 医疗保障准备工作。××××医院发热门诊设置绿色快速通道,以备出现发热等症状人员的送医排查。

(二)参赛人员防疫要求

1. 以参赛队伍为单位,各单位明确一名指导老师作为防疫负责人,按照组委会要求,负责本单位所有参赛人员赛前健康申报工作,加强对赛事期间所有参赛人员的生活管理,做好参赛人员的健康管控。

2. 所有参赛人员,赛前需填写《疫情防控登记表》(链接:https://××××),所有到场人员均需填写,每人一份。

3. 各参赛单位人员根据赛事时间到赛事场馆报到,报到时需出示健康码,核查14天行程后量体温进入赛事场馆。如若14天内有高、中风险疫情防控区域旅居史或有发热等相关症状,不得进入赛事场馆,相关情况报市疾控机构。

4. 各参赛单位人员在报到时出示身份证,经报到处志愿者核查《疫情防控登记表》无异常后,由工作人员发放参赛证件,后续比赛期间需凭此证件作为进出凭证。

5. 赛事期间,各参赛单位人员进入赛事场馆时,均需出示健康码并测量体温,未发现异常方可进入。

6. 赛事期间,各参赛单位指导老师(防疫负责人)需负责做好参赛人员的每日体温监测,记录到《每日体温上报》(链接:https://××××),各参赛单位每天提交一份。

7. 比赛结束后,各参赛单位需签署免责声明(见附件1),指导老师做好参赛人员赛后14天的健康监测。

(三)工作人员及志愿者防疫要求

1. 工作人员需持7天内核酸阴性报告或疫苗接种全剂量证明(根据疫苗要求打满两针或三针,只接种完成一针的人员仍需提供核酸阴性证明)上岗,并接受14天行程核查后领取工作证件。

2. 志愿者均由承办单位协调当地学校提供。志愿者必需遵循学校的疫情防控要求,由学校做好志愿者的体温健康监测。

3. 赛事期间,工作人员及志愿者进入比赛场馆时,均需出示健康码并测量体温,未发现异常方可进入。

(四)赛事流程防疫措施

参赛人员报到、预检录等环节均采用线上预约制度,限制各区域人数,强化各流程时间管理,减少人员聚集及长时间逗留。

(五)比赛场馆防疫措施

1. 合理设置赛事场馆各功能区域,分开设置人员流线,完善相应的功能标识。

2. 除餐饮区外,所有参赛人员及工作人员在赛事场馆内必须佩戴口罩。

3. 比赛场馆设置医疗点及发热病人隔离室,对体温不正常(≥37.3℃)或有感冒、咳嗽、流涕等症状者进行临时隔离。

4. 落实场馆公共区域日常消杀工作,做好相关管理和服务。各比赛场馆加强对公共区域、高频接触的比赛用品的清洁消毒。保洁人员在操作过程中需全程戴好口罩、手套,工作任务完成后,及时进行个人清洁及消毒。场馆指定专人对责任区域的清扫和消毒工作进行检查和记录。

5. 在场馆各区域入口处、洗手间、电梯口等处配置含醇免洗洗手液及酒精棉片等清洁物品,以备人员及时进行双手及物品消毒。

6. 公共场所和人员较为密集的区域,保持通风。中央空调循环系统保持清洁卫生,做到每日消杀和通风换气。

7. 加强卫生管理。增设垃圾桶数量,设置防疫物品(口罩、酒精棉片等)专用垃圾桶,及时处理产生的垃圾,并及时对垃圾点和垃圾桶进行消毒。场馆负责单位在每天闭馆期间进行一次清洁工作,每日赛时定人定岗随时进行卫生清洁。

四、应急处理预案

1. 成立疫情防控领导小组。组长：×××，副组长：×××，组员：×××、×××、×××。

2. 当出现体温异常、发热咳嗽等可疑症状人员时，立即引导其至隔离区，由专业医务人员检查处理，及时送至附近发热门诊进行排查，同时将情况通报上级疾控部门。

3. 出现疑似症状人员诊断为新冠肺炎情况，立即上报疫情防控领导小组，主动联系场馆所在区域的疾控机构，配合疾控机构的流行病学调查和对有关场所、物品进行终末消毒等工作。根据疾控机构的建议，立即采取相应防疫措施，并及时决策后续方案。

五、人员培训及防疫防范宣传

1. 组织疫情防控工作人员进行防疫培训，掌握疫情防控工作的基本要求和步骤，提升疫情防控和应急处置能力，确保各项防控措施落实落地。

2. 赛前要求各参赛单位自觉按照组委会要求，做好自身防范，提醒各参赛单位需注意的防疫防范事项。

3. 场馆设置疫情防控宣传标识。场馆设置"戴口罩"标识，做好疫情防控知识的宣传。

4. 通过各种渠道，加强疫情防控科普知识宣传，进一步提升赛事参与人员的防控意识。

×× 赛事组委会

×××年××月××日

附件防疫免责声明：

第××届全国大学生机器人大赛ROBOTAC赛事防疫免责声明

本参赛单位自愿参加第××届全国大学生机器人大赛ROBOTAC赛事，比赛期间积极配合赛事疫情防控措施。比赛期间切实做到以下几点：

1. 比赛期间在场馆内全程佩戴口罩，在备场区域和赛场区域佩戴护目镜，比赛期间始终与他人保持安全距离。

2. 比赛期间未到除比赛场馆、居住地之外的其他人员密集处逗留，未进行集会、聚餐等行为。

3. 比赛期间认真配合防疫检查，未有造假、隐瞒、躲避等行为。

现阶段本参赛单位在第××届全国大学生机器人大赛ROBOTAC赛事的比赛已经全部结束，本次大赛疫情防控工作正常有序，本参赛单位至此未有人员出现发热、乏力、咳嗽等符合新冠肺炎临床表现的不适症状。

本参赛单位将尽早返回出发地，途中将做好个人防护措施，不集会、不聚餐，不在人多的场所逗留。返回后将进行所有人员的14天的健康状况监测，如有不适症状将及时汇报。

鉴此情况，本参赛单位后续健康状况自行负责，与赛事主办方、承办方无任何关系和责任。

声明单位：

责 任 人：

年　月　日

附件2.2　疫情
防控方案

附件2.3 疫情防控安全承诺书

××××年全国大学生机器人大赛ROBOTAC赛事疫情防控安全承诺书

为保障××××年全国大学生机器人大赛ROBOTAC赛事顺利进行,维护参赛师生人身健康,我校郑重承诺:

1. 严格遵守《中华人民共和国传染病防治法》《中华人民共和国突发事件应对法》《突发公共卫生事件应急条例》等法律法规及××市疫情防控各项规定,严格遵守大赛组委会疫情防控有关要求。

2. 我校高度重视新冠肺炎疫情防控工作,承诺做好参赛师生参赛前14天内健康检测和记录,并提供证明材料。承诺数据准确、及时、规范,承诺不瞒报、不漏报、不谎报。

3. 加强疫情防控教育和学生管理,要求我校师生公共场所佩戴口罩,勤洗手、勤消毒、勤通风,不串门、不聚集、不扎堆,健康饮食,做好个人卫生,不信谣、不传谣。

4. 严格履行疫情防控安全主体责任,服从主办方管理,做到有记录、有痕迹、可追溯,执行疫情安全责任倒查机制。

5. 承诺我校参赛师生赛前14天无国内中高风险区旅行史人员,无海外归来人员或出差回国人员。

6. 竞赛过程中如发生疫情,我校参赛队将积极配合当地防疫部门的有关管控措施,并放弃对组织者、承办方及所有与此次活动有关人员及单位作任何法律责任之追究。

我校承诺本届参赛共有_____名学生,_____名指导教师参加,参赛师生均身体健康,无发烧、咳嗽等与疫情有关的症状。

承诺单位(盖章): 疫情防控负责人(签字):

年 月 日

附件2.3 疫情防控安全承诺书

附件2.4 应急联系人通讯录

机器人大赛应急联系人通讯录

部门	姓名	联系方式
场馆安全		
医疗卫生		
疫情防控		
电力		
通讯		
网络		
防汛		
现场安保		

附件2.4 应急联系人
通讯录

附件2.5　突发事件应急预案

全国大学生机器人大赛突发事件应急预案

第一章　总　　则

第一条　目的和原则

1. 当赛事过程发生各类突发事件时,各部门能够统一、有效地及时行动,采取措施应对,将事件控制在最小范围,将损失降到最低,力争保证赛事的顺利进行和参赛人员的生命财产安全。

2. 坚持以人为本、预防为主的原则。加强对实验室危险源的监测、监控并实施监督管理,建立并健全风险预防体系,积极预防、及时控制、消除隐患,尽可能地避免或减少安全事故的发生。安全事故发生后,优先开展抢救人员的应急处置行动,并关注救援人员的自身安全防护。

3. 坚持分级负责、部门协作的原则。为更好地保障赛事安全,落实责任,赛事就突发事件处置成立二级组织机构。一级由赛事总指挥及各部门部长组成;二级由部门部长及本部门各基层管理人员组成。

第二条　突发事件的定义

影响赛事举办秩序,在社会上产生较大影响,如火灾、爆炸、地震、死亡事故、大面积停电、洪水、中毒、聚众闹事、斗殴、行凶、自杀、抢劫绑架、防台、防汛、死亡、重大的诈骗案件和盗窃案件等。

第二章　机构设置及职责

第三条　机构设置及职责

赛事突发事件处置指挥部

总　指　挥:赛事总指挥

副总指挥:安全部部长

成员:医疗救护组、通信联络组、消防组、反恐防爆组、疏散引导组、赛事各部门部长

注:当指挥部出现成员特殊情况不在现场,由当值期间最高负责人替补。

职责：

1. 当赛事发生一级突发事件时，应迅速成立赛事突发事件处置指挥部，各成员在接到通知后，除在现场处理该事件成员外，其余人员必须及时按要求赶赴指定地点集合（由总指挥根据事件性质及事发现场情况决定集合地点）。

2. 各成员集合后，必须及时了解事件起因、发展过程、目前情况，根据了解到的情况综合分析，快速出台解决问题的办法。

3. 由总指挥对各成员进行分工，接到任务后，各成员立即开展应急工作。

4. 事件处理结束，由指挥部处理善后事宜。

指挥部下辖赛事应急处置小组

组　　长：安全部部长

副组长：其余赛事各部门部长

成　　员：所有当值工作人员

职责：

1. 接到赛事突发事件处置指挥部命令后，立即按要求开展各项应急工作。

2. 各副组长（或副组长指定人员）负责指挥、协调本部门工作人员开展应急工作，并及时将工作进程向总指挥汇报。

3. 负责善后收尾工作。

第四条　事件分级

参照国家法规，结合本赛事实际情况，按三级划分。

一级	涉及整个赛事或后果会影响到赛事的安全事故，由赛事突发事件处置指挥部处置；在指挥部成员到达之前，由值班部长、赛事突发事件处置指挥部当值最高负责人负责前期处理
二级	影响局限在部门的安全事故，由部门突发事件处置指挥小组处置
三级	赛事局部小范围事件，由部门突发事件处置指挥小组处置

第五条　突发事件处置纲要

总则：处置要及时、有效，将影响、损失降到最低。

细则：

1. 及时控制现场，防止事态进一步扩大、恶化；

2. 控制住事态后，必须及时了解事情详细情况，有针对性地提出解决方案；

3. 情况不明了或无法了解到情况，必须及时根据事件性质通知相关政府职能部门和相关单位到场处理。

第六条 操作程序

(一)接案和报案程序

一旦在赛事发生刑事、爆炸、地震、疫情等突发事件,要迅速将案情报告赛事突发事件处置指挥部,报案程序为三种:

1. 报案:发现案情的工作人员必须立即向赛事突发事件处置指挥部报告(报警电话:119),并简明扼要说明事发时间、地点、起因、过程、现状和报案人姓名。报告必须符合事实,严禁虚报、谎报。

2. 发现案情:赛事突发事件处置指挥部应立即通知安保巡逻员立即赶赴现场,进行跟踪录像,封锁现场,为解决事情提供第一手资料。

3. 当赛事突发事件处置指挥部确认事件发生时,由赛事突发事件处置指挥部当值最高负责人按事件分级直接通知相关部门或指令值班人员以最快的方式通知有关部门。指令为:我是赛事突发事件处置指挥部×××,现××区域发生重大事件,请按规定立即通知下列部门:××部、××部等。

4. 值班人员接到指令后,立即使用电话按要求通知有关部门。

5. 赛事突发事件处置指挥部在通知值班人员执行指令时,同时视事件情况及发展趋势决定是否需要向政府相关职能部门(如公安、消防、卫生、防疫等部门)汇报求助。

如突发事件造成赛事内部通讯中断,必须及时利用外线手机、对讲机、赛事应急广播、手持扩音喇叭、指定专人通讯员负责通讯等工具、方式进行报案及通报工作。

(二)疏散和救护

1. 划定疏散安全区域,指挥部根据赛事建筑特点和周围情况,指定赛事停车场、工作人员通道为疏散安全区域。

2. 根据情况由疏散范围内工作人员接指挥部指令后,至现场指挥疏散人员,并向参赛队员通报简情,消除恐慌情绪,疏导参赛队员安全、迅速离开事发地点到指定地点集中。

3. 立即启动疏散区域消防广播、警铃,提示参赛队员配合疏散。

4. 疏散救护责任到人,专人负责疏散工作,专人负责疏散清理工作,以边疏散边清理为原则。疏散区域部门负责清点、核对疏散人数。

5. 现场救护

医疗部携带简单救护工具在现场对疏散人员进行简单护理,重症人员必须及时通知医疗部门进行救治或安排车辆送往就近医院救治。非火警时,对受伤或行动不便人员应从消防电梯转移。火警时,安排人员从安全通道撤离。组织车辆停于大厅门口等待运送伤员。

(三)应急处置小组

听从指挥部的指令,做好以下工作:

1. 立即赶赴现场,控制事态;

2. 接指令疏散现场人员;

3. 封锁事发区域,严禁无关人员进出;

4. 封锁赛事各出入口,严禁无关人员进出;

5. 抢救、保护赛事、参赛队员财物。

(四)发生突发事件时各部门的工作

1. 接到报案后,临近部门迅速赶赴现场。

2. 保持通讯畅通。

3. 做好保护现场的工作。

4. 及时了解现场情况,掌握事件动态并迅速向处置指挥部门汇报。

5. 根据现场情况,采取有效措施稳定局面,防止事态进一步扩大。

6. 安排人员在每个疏散口引导参赛队员疏散到安全区域。

第三章　各类常见突发事件预防与应对措施

第七条　预防和应对

为了最大程度地减少突发事件对于比赛正常进行的影响和保护参赛各类人员生命财产安全,特此对于在比赛期间各类常见突发事件做出以下预防和应对措施。

(一)消防应急处置程序

1. 临近火情发生地的大赛组委会部门主要负责人必须第一时间赶赴现场,迅速组织人员进行控制灭火。其他工作人员迅速疏散火灾区域人员,做好疏散与自救工作。在第二灭火力量到达现场后,协助灭火。

2. 一旦发生火情,要迅速将火灾信息报告赛事突发事件处置指挥部,说明着火地点、部位、燃烧物品、目前状况。

(二)危害人身安全事件应急处置程序

1. 当比赛场地发生意外受伤事件、持械行凶事件、现场斗殴事件等时,临近事件发生的组委会部门负责人必须第一时间赶赴现场,迅速组织部门人员对现场进行控制并收集有效信息,同时通知赛事医疗卫生部门,对已经出现或可能出现的突发情形进行处置和预防。

2.一旦发生上述突发事件,要迅速将突发事件有效信息报告赛事突发事件处置指挥部,说明发生地点、参与人数、目前状况等。

3.特殊紧急情况可拨打报警电话110,急救电话120。

(三)自然灾害应急处置程序

1.当水灾、雷击、暴风、地震等自然灾害事故发生后,赛事突发事件处置指挥部必须马上确认受灾程度并进行分级。

2.赛事突发事件处置指挥部通知组委会各部门做好预防应对工作,防止因自然灾害引发重大安全事故。

3.赛事突发事件处置指挥部配合当地相关部门对自然灾害事件进行处理。

(四)紧急停电事件

1.当赛事发生紧急停电事件,为保障赛事的正常进行,场地负责人必须第一时间巡查故障电路并解决问题。

2.如果发现是供电问题,马上联系赛事突发事件处置指挥部并致电电力公司,了解停电情况及恢复供电时间。

第四章　事故调查与善后处置

第八条　应急状态结束后,赛事突发事件处置指挥部必须对事故原因进行调查

1.事故调查过程中,赛事突发事件处置指挥部有权对事故当事人和相关主管人员进行询问。询问的内容应当制作成笔录,并在询问结束后由被询问人签字确认。

2.事件结束后,事故部门应当上交事故调查报告,报告内容必须明确事故发生的时间、地点、伤亡情况、经济损失、发生事故的原因及相关责任人。赛事突发事件处置指挥部应当审核事故原因调查报告,报告内容应载明事故原因的专业分析与结论、事故现场整改的技术性建议、事故中长期影响评估等内容。

第九条 安全事故应急救援结束后,各部门应积极采取措施和行动,尽快使赛事过程恢复到正常状态,做好善后工作

1. 赛事突发事件处置指挥部根据需要成立事故善后小组,由事故单位及相关部门组成,负责事故善后处理工作。

2. 结合事故调查,对事故中有突出贡献的人或单位进行表彰,对违反安全管理规定造成事故发生的事故责任人进行责任追究,对在事故中伤亡的人员按国家有关规定做好安抚及理赔工作。

第五章 附 则

第十条 本预案未尽事宜,按国家相关法律、法规执行

第十一条 本预案经××××年××月××日讨论通过,自通过之日起施行

全国大学生机器人大赛组委会

××××年××月

附件 2.5 突发事件
应急预案

附件2.6 场地安全检查及物资清单

场地安全检查及物资清单

检查项目	序号	检查内容	检查标准	备注
场地空间	1	紧急避险场地	面积足够,手册中标识清晰	
	2	安全出口/疏散通道	具有安全标识,确保安全出口和疏散通道畅通无阻,拉警戒线	
	3	消防通道	预留足够场地,确保消防车可以进入	
	4	场馆整体环境	无异味,空间高度足够	
应急设施	5	安防监控	保持赛期常开状态、视野清晰	
	6	消防设施	配备齐全、完好更新	
	7	应急广播、警铃	能够正常开启,声音能够传播到场地的每个位置	
	8	应急照明	设备是否更新,是否定时检修过	
基础设施	9	场地照明	大灯,保证备馆区光线充足	
	10	空调	正常工作,无异味	
	11	充电插座	地插、充电插排、充电桩、电箱等正常通电	
	12	天花板	坚固不漏水,无悬挂物	
	13	地面	平整无异物,格外注意地插	
	14	饮水处	饮水点分散,最好有专人看管	
	15	卫生间+垃圾点	数量充足,专人打扫	
灾害防治	16	防汛物资	雨伞、雨衣、雨鞋(拖鞋)、绝缘手套、编织袋、防水袋、防汛沙袋、铁锹、铁锤、配电箱+水泵+抽水带+电缆线、尼龙绳、手电筒、警戒带	
	17	防疫物资	足量医用口罩、体温计、快速手消毒液、"84"消毒液、75%酒精、喷雾器	
	18	医疗物资	医疗箱,防暑、腹泻等药物	

附件2.6 场地安全
检查及物资清单

3　综　合　部

3.1　物资组

3.1.1　工作目标

(1)赛事活动有关物资需求统计及时准确。

(2)与制作方沟通、制作监制,保障物资、保证质量、按期到位。

(3)办公室安全整洁,物资管理领用有序,发放及时高效,租赁物资回收及时无误。

(4)赛事服务有序、高效。

3.1.2　岗位职责

(1)物资对接:赛前按类别统计物资需求,制定物资计划,并负责定制类物资的监制;将物资传递到提出需求的部门,比赛结束后完成物资的清点及回收。

(2)办公室管理:负责赛期办公物资及常备药品的管理工作,负责赛期办公室卫生安全。

(3)赛事服务相关工作:

1)赛前:参赛队报到。

2)赛中:服务中心(发放嘉宾资料袋,发放比赛观摩票,文创礼品展销,比赛体验区服务等)。

3)赛后:获奖证书及奖品的发放。

3.1.3 信息沟通

沟通部门	沟通内容	说　明
各部门	物资需求	特别是设计组、竞赛部、导演部
制作方	物资清点、对接	重点检查制作印刷类物资,确保数量、规格
场馆组	办公室场地需求 报到处 赛事服务台	桌椅、Wifi、能容纳人数; 标识、其他办公必需品

3.1.4 支撑附件

附件3.1　赛事物资清单
附件3.2　办公室管理
附件3.3　赛事服务工作方案

 3.2 场馆组

3.2.1 工作目标

(1)场馆布置设计美观。
(2)与场馆方有效协同,保障场馆各项基础设施正常运行使用。
(3)场馆管理安全、有序。

3.2.2 岗位职责

(1)比赛所在场馆房间情况的考察,实际用房需求及使用规划,赛期比赛场馆及备馆区域的管理(开闭馆时间制定协调,闭馆前清场,馆内租用设备的安全)。
(2)比赛场馆的布局设计:功能区设计,安全通道,租用类设备的物资对接,场馆设计的布置监制。
(3)比赛场馆氛围营造及执行。

3.2.3 信息沟通

沟通部门	沟通内容	说明
执委会	场馆信息	《场馆考察清单》
总指挥、竞赛部、公关组、导演部、活动部、综合部	场地功能区域划分需求、用房需求	
竞赛部	备馆物资需求	
物资组	物资需求	
设计组	提出氛围设计需求	提供各布置物料的尺寸

3.2.4 支撑附件

附件3.4　场馆考察清单

附件3.5　场馆功能区布局图

 3.3 设计组

3.3.1 工作目标

(1)设计规范,风格统一。

(2)及时调整,体现细节。

3.3.2 岗位职责

(1)平面设计:制定设计规范文档,制作VI手册和设计方案库,供二次设计使用。

(2)落实设计清单,包括设计类制品的类别及对应数量。

(3)二次设计或二次设计审核:无第三方设计时,遵守设计规范进行二次设计;有第三方设计时,需要对第三方的设计作品进行审核。

3.3.3 信息沟通

沟通部门	沟通内容	说明
总指挥、公关组	确认画面文案	活动名称、主承办名称、公司名称
物资组、场馆组、竞赛部、活动部	设计需求	规格、尺寸、材质
导演部	电子画面	

3.3.4 支撑附件

附件3.6　印刷设计物资清单

附件3.7　ROBOTAC设计说明

 3.4 志愿者

3.4.1 工作目标

(1)保障参与志愿者饮食、交通、活动等安全。

(2)赛事组织方(各工作部)、参赛方、合作方、嘉宾等参与方对志愿者给予较高评价。

(3)志愿者对赛事活动给予较高评价。

3.4.2 岗位职责

(1)统计各部门对志愿者的岗位任务和人数需求,制定志愿者工作日程。

(2)完成志愿者招募工作。

(3)完成志愿者培训工作和分组工作,并将志愿者带到各自的岗位负责人处。

(4)赛期志愿者的物资准备及后勤保障工作。

(5)组织志愿者的考核评定及评优工作。

3.4.3　信息沟通

沟通部门	沟通内容	说　　明
各工作部	岗位需求及变化	人数,要求,到岗、离岗时间
志愿者高校	具体工作安排	保险、培训、用餐、用车,每天晚上根据实际情况更新第二天工作日程

3.4.4　支撑附件

　　附件3.8　志愿者岗位需求统计

　　附件3.9　志愿者工作日程

　　附件3.10　优秀志愿者评选方案

附件 3.1 赛事物资清单

活动部物资清单

编号	名称	规格	单位	数量
1	抽签盒	边长20厘米正方体	个	1
2	抽签球		个	36
3	开幕式发言席		个	1
4	旗杆		根	34
5	奖杯	淘宝购买、刻字	个	4
6	证书托盘		个	4
7	证书壳	竖版	个	40
8	亚克力桌签架		个	40
9	设计组各类活动物料			

物资组物资清单

编号	名称	规格	单位	数量
1	抽纸	自备	包	8
2	签字笔		支	50
3	剪刀		把	4
4	宽胶带		卷	6
5	双面胶		卷	6
6	黑色记号笔		支	12
7	常用药品		包	
8	机器人拍照背景布		个	1
9	垃圾桶(带垃圾袋)		个	1
10	打印机(黑白打印机)		台	4
11	粉色纸		包	1
12	白色纸		包	2
13	路由器	Wifi6,500M	台	3
14	插线板	6孔或以上,长度至少5米	个	15
15	瓶装水30箱(500 mL)		箱	30
16	对讲机(含耳麦)		个	30
17	防疫物资		批	若干
18	清扫工具		批	若干
19	桌布(灰色)	2m×3m×2块	平方米	12
20	背景绿幕	3m×6m	平方米	18

场馆组物资清单

编号	类别	名称	规格	单位	数量
1	舞台区	舞台(含地毯)	16m×4.5m	平方米	72
2		灯光	染色灯、面光灯、追光灯、起雾机		
3		舞台LED屏	主屏幕,与裁判对接并明确需求	平方米	40.5
4		LED副屏	4 m×3 m×2块	平方米	30
5		舞台斜坡LED屏	16 m×1 m	平方米	16
6		音响	声音设备需与裁判组对接,看是否有特殊需求	只	4
7		功率放大器		个	2
8		数字处理器		个	2
9		无线话筒		个	2
10		桌面话筒		个	2
11	赛场区	折叠桌(带桌布)	1.2m×0.6m	个	44
12		靠背椅(带椅套)		个	82
13		称重区地毯	5m×4m	平方米	20
14		候场区/等待区(TAC)	3m×3m红蓝各1	平方米	18
15		一米栏		个	20
16		铁马		米	32
17	备馆区	备馆区地面保护地毯	4m×4.5m	个	40
18		备馆区分隔线	4m×4.5m	个	40
19		过桥板、线槽		米	
20		小塑料凳		个	50
21		备馆区饮水机、桶装水、纸杯			
22		电视机	50寸	个	9
23		其他桌椅	1.2米长	套	100

附件3.1 赛事
物资清单

附件**3.2** 办公室管理

大赛组委会办公室管理

1 场地布局

做好工位安排与物资摆放,保障组委会工作人员便捷舒适的工作。

组委会办公室布局示意图

活动物资摆放示意图

2 安全卫生

(1)进入权限管理:钥匙保管、开关门时间。

(2)每天清扫2次,保持办公室环境的干净整洁。

(3)备有卫生药品,能处理简单的划伤和消毒。

3　物资管理

物资分类管理,赛后回收。

办公室常用物资清单

类别	物品	数量
基本设备	打印机	≥1台
	A4纸	≥2杳(200张)
	对讲机	8
	网线	自备一些
工具	签字笔	≥12支
	订书机	≥3把
	胶带	≥1卷
	剪刀	≥3把
	文件夹	≥3个
餐饮	桶装水、瓶装水	若干
		10元/人/天
	功能饮料(咖啡、红牛)	
	纸杯	100个
保障	卫生纸	若干
	基本药品(防暑、腹泻、外伤)	
	垃圾袋	若干

注:提醒饮水瓶用记号笔标记、及时清理个人垃圾。

4　打印服务

文件发群,及时打印。

物资领用管理表

A	B	C	D	E	F	G	H
序号	物品	数量	对接组	领取人	领取日期	归还日期	归还清点人

附件3.2　办公室
管理

附件3.3　赛事服务工作方案

物资组赛事服务工作安排

1　赛事服务日程

赛事服务工作日程表

时间段	项目	工作地点	志愿者人数	工作时间
赛前	1. 物资装袋	组委会办公室	3	报到前2天
	2. 报到	报到点,一般在会场入口	3	报到当天
赛中	3. 咨询台	组委会办公室/备馆区开辟专门咨询处	2	比赛开幕式后至闭幕式期间
赛后	4. 证书发放	组委会办公室/大厅专门开辟位置	2	闭幕式结束后

注:【关于志愿者人数说明】:仅有报到当天需要大量志愿者协助,视具体"报到点"与"报到流程"设置确认若干志愿者(例如××××年设置了3个报到点、5个报到流程(核酸查验、人证核对、领取证件、签承诺书、领取资料袋),则至少需要3 × 5 = 15名志愿者)。

2 物资装袋

各类别资料袋内容物清单

种类	内容	数量	装袋说明
参赛队 资料袋	参赛手册	3	
	机器人大赛宣传册	5	
	补充通知	1	如有则放
	讲座交流活动门票	5	
	观众看台观众门票	20	参赛证找空入座,门票对号入座,票优先
裁判资料袋	参赛手册	1	
	机器人大赛宣传册	1	
	裁判证	1	每个资料袋标明裁判姓名
	裁判服装	根据裁判名单每人2件	
嘉宾资料袋	参赛手册	1	
	机器人大赛宣传册	1	嘉宾资料袋(根据嘉宾人数)
	嘉宾证	1	
专家评委 资料袋	参赛手册	1	
	机器人大赛宣传册	1	专家评委资料袋(8份)
	评委服装	1	
	专家评委证	1	
工作人员 资料袋	参赛手册	1	
	工作组通讯录	1	每个资料袋标明工作人员姓名
	工作人员证	1	
	工作人员服装	据工作人员名单每人2件	
媒体资料袋	参赛手册	1	
	机器人大赛宣传册	1	
	记者证	1	

注:裁判、专家评委及嘉宾分批次不同时间到来,这三类资料袋交接给接待人员发放。

装袋清单外贴示意图
（以参赛队资料袋为例）

备馆区号+学校名称
（例：01×××学院）

1	参赛手册	3	本
2	指导教师证	2	件
3	领队证	1	件
4	指导教师证	2	件
5	参赛证	10	件
6	决赛入场券	18	张

3　报到

报到处物品清单

	物品名称	数量	备注
常用物品	黑色签字笔	8支	
	A4纸	1沓	
	胶带	1卷	
	剪刀	1把	
	桌子	4张	工作人员用
	椅子	8把	工作人员用
赛事物品	资料袋	—	含参赛证、参赛手册
	门票	50张	发放给观众
	易拉宝	≥2个	作为"报到处"背景
	报到处Logo	1个	
	参赛院校报到名单	3份	由报名系统导出

注：具体物资根据每年报到情况调整。

报到流程安排

顺序	流程	说　明
1	核酸检测核查	两次核酸检测证明（非疫情期间不需此流程）
2	人证检查	参赛队伍所有队员必须持本人身份证件到现场，一人一证核对
3	领取资料袋	资料袋含参赛证+参赛手册+纪念品+观赛券+宣传册等
4	签署承诺书	《疫情防控承诺书》《安全承诺书》等
5	对接随队志愿者	
6	前往备馆区	

4　赛事服务中心

4.1　咨询台物品清单

咨询台物品清单

物品名称	数量	备注
黑色签字笔	2支	
A4纸	半包	
桌子	2张	
资料袋	10个	学校备用
椅子	2把	
宣传手册	10	
参赛手册	10	
咨询记录表	5	
文化周边	若干	

注：咨询台处配备两名志愿者。

职责描述：

（1）清楚参赛手册内所有信息。

（2）讲解手册中未明确时间地点的赛事活动信息、票务信息。

（3）医疗有关信息。

（4）失物招领处。

（5）需要知道比赛相关信息找哪个对应的负责人（如裁判、规则、嘉宾、证书、物流等疑问）。

4.2 文创礼品销售区

赛事服务中心将展出销售大赛相关文创礼品。

4.3 互动体验区展示方案

1. 目标

(1)观众快速了解比赛规则及各个机器人,增加比赛的观赏性;

(2)向普通民众推广大赛,扩大大赛的社会影响力。

2. 形式和内容

(1)播放本届比赛规则片、宣传片、历届比赛的纪录片及赛事讲解;

(2)微缩场地展示配合讲解人员对本届比赛规则进行讲解;

(3)比赛机器人、道具等展示及讲解;

(4)操作机器人体验。

3. 人员及物资

分类	物资	数量
宣传	LED电视	1~2
	宣传手册	50~100
	易拉宝	3
互动	比赛机器人(迭代)	2~3
	微缩场地	1~2
	比赛道具	3~4
配套	话筒(小蜜蜂)	3
	插排	1~2
	桌椅	3
	垃圾袋	3
	工作服装	3

工作人员:共3人(看管物资1人、讲解员2人)。

5 证书发放登记表

证书发放登记表

奖项	学校	奖项	名称
冠军		优秀指导教师	
亚军		最佳技术奖	
季军		最佳设计奖	
季军		优秀组织奖	
一等奖			
二等奖			
三等奖			

职责描述：

(1)证书的核对、保管、发放、邮寄；

(2)未及时领取的需要组委会安排1人另行邮寄。

附件3.3 赛事服务
工作方案

附件 3.4　场馆考察清单

全国大学生机器人大赛场地考察清单

编号	项目	考察内容	备　注
1	比赛场地	面积	≥1000 m²,高度≥8 m
		采光	比赛时无阳光直射场地
		看台	容纳500名观众
		专线网络接口	1000M 光纤,最好还有千兆 Wifi6
		电源、电箱	380V,220V,可接电缆
		空调	
2	备馆区	面积	≥800 m²,参赛队赛前准备使用,每队 4 m×4 m=16 m²,50支队共800 m²
		电源、电箱	250 V,500 m 的 2×2.5 mm² 带护套电缆,线槽200 m,5插排插50组
		空调	
3	领队会议室	面积	≥150 m²
		投影	
		话筒、音响	
		座位数	≥160人
		空调	
4	办公室	面积	≥40 m²
		容纳人数	≥20人,有桌椅
		网口	
		空调	
5	直播间	面积	≥30 m²
		电源	
		专线网络接口	
		空调	
6	裁判员休息室	面积	≥30 m²
		容纳人数	≥30人,有桌椅
		空调	
7	志愿者休息室	面积	≥60 m²,有椅子
		容纳人数	
		空调	

续表

编号	项目	考察内容	备注
8	采访、嘉宾休息室	面积	≥40 m²
		沙发	6~8个
		空调	
9	论坛报告厅	面积	≥500 m²
		投影/LED屏	
		话筒、音响	
		座位数	200~300
		空调	
10	场馆位置	距高铁站	×公里
		距机场	
		距汽车站	
		距酒店	
11	场馆设施负责人	水电、空调	姓名,电话
		保洁	
		安保、门卫	开闭门时间
		网络	
12	参赛队用餐区	面积	≥200 m²,可户外,有遮蔽
		设施	桌椅、垃圾桶
13	志愿者用餐区	面积	≥100 m²,可户外,有遮蔽
		设施	桌椅、垃圾桶
14	其他	场馆CAD图	dwg格式,带尺寸标注
		照片	

附件3.4 场馆
考察清单

附件3.5 场馆功能区布局图

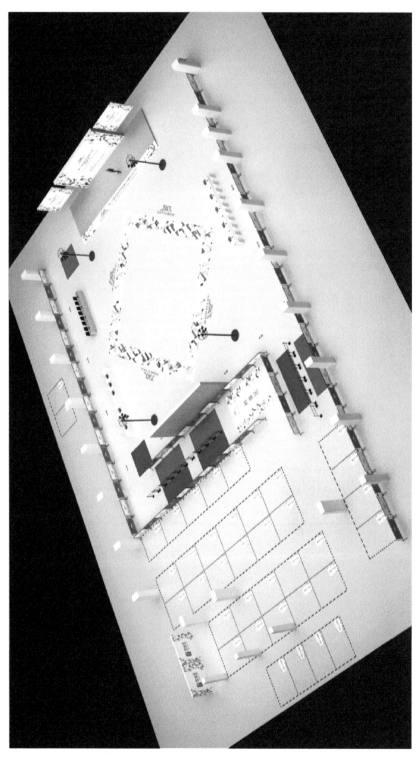

图1

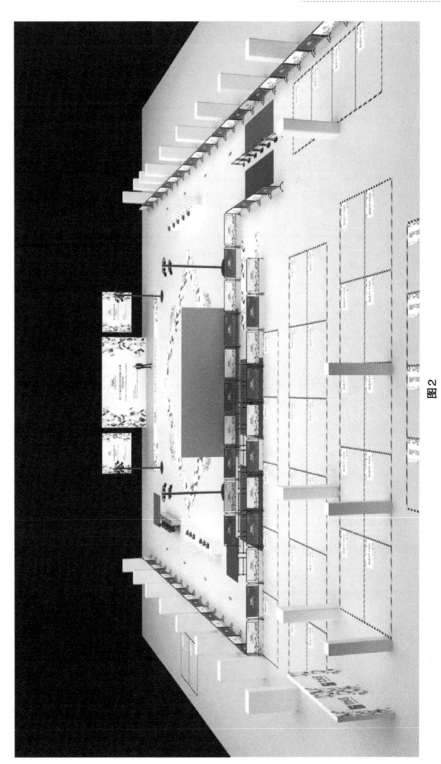

图2

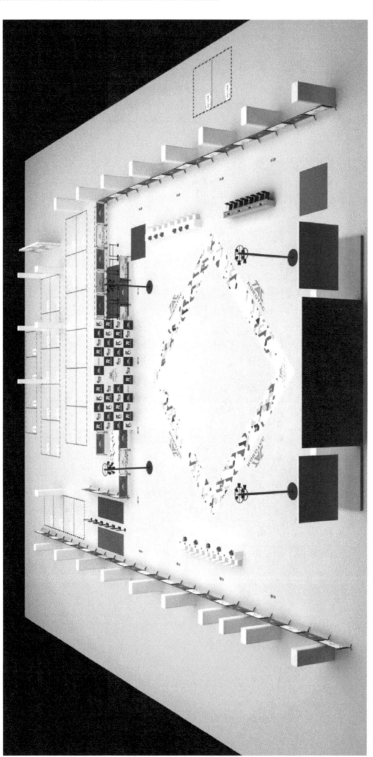

图 3

附件 3.5 场馆功能区布局图

附件3.6 印刷设计物资清单

全国大学生机器人大赛印刷设计类清单

到位时间	类别	编号	名称	组别	规格
报到3天前上午9点	资料袋	M1	参赛手册	物资组	26 cm×8 cm×34 cm
		M2	资料袋		26 cm×8 cm×34 cm
		M3	宣传折页		
		T1	比赛门票(活动入场券)	活动部	
	服装	F1	志愿者文化衫	志愿者组	95%棉
		F2	裁判文化衫	裁判组	黑色,95%棉,5%氨纶
		F3	操作手马甲		
		F4	工作组文化衫	物资组	白色,95%棉,5%氨纶
	证件类	I1	参赛证	物资组	PVC,1.5 mm厚,7 cm×10.5 cm,挂绳颜色与证件颜色相同,印刷大赛英文字样,两个悬挂点,能看到正反面,反面印刷大赛日程与官方媒体二维码
		I2	领队证		
		I3	指导教师证		
		I4	工作人员证		
		I5	裁判证	裁判组	
		I6	评委证	专家组	
		I7	嘉宾证(红)	接待部	
		I8	嘉宾证(蓝)	总务部	
		I9	赞助商证	公关组	
		I10	媒体证(红)	导演部	
		I11	媒体证(蓝)	宣传部	
		I12	车辆标识牌	车辆组	KT板,50 cm×20 cm
		I13	接站牌		1 m×0.4 m
		I14	车辆通行证		A4大小
	证书类	C1	参赛证书(教师)	物资组	A4大小铜版纸塑封
		C2	参赛证书(学生)		
		C3	国际队参赛证书(教师)TAC		
		C4	国际队参赛证书(学生)TAC		
		C5	裁判员证书	裁判组	
		C6	专家聘书	专家组	
比赛结束后一周		C7	优秀志愿者证书	志愿者组	
		C8	优秀指导教师证书		
		C9	一、二、三等奖证书	活动部	
		C10	单项奖证书		
		C11	国际赛获奖证书TAC		

续表

到位时间	类别	编号	名称	组别	规格
比赛开始前一天	活动部相关	H1	领队会易拉宝	活动组	0.8 m×2 m
		H2	领队会海报		0.9 m×1.2 m
		H3	领队会条幅		根据房间尺寸定长宽
		H4	抽签盒Logo贴纸		边长20 cm正方体
		H5	坐席标识/桌签		三折硬纸打印带折痕双面胶A4大小，或粉色纸配桌签架
		H6	开幕式发言席贴纸		依据发言台形状大小
		H7	大赛logo旗帜		4号，144 cm×96 cm
		H8	举旗手定位地贴		直径5 cm，圆形
		H9	手举校牌（入场用）		0.6 m×0.4 m，总高1.2 m，手举杆高0.8 m
		H10	主持人手卡		A5大小，148 mm×210 mm
决赛前一天		H11	冠、亚、季军KT板		1.2 m×0.6 m
比赛前一天	馆内氛围	G1	主题背景画面（电子版）	场馆组	
		G2	采访墙		根据实际场地定，长为12 m，高4 m
		G3	互动合影墙		
		G4	比赛选手活动范围地贴		正方形内框长12.3 m，外框长15.3 m
		G5	铁马广告牌		1.2 m×1.2 m
		G6	装饰校徽旗		根据场地栏杆确定长宽
		G7	体育馆氛围背景画面		
		G8	国旗，团旗，主题旗		长宽参考体育馆之前悬挂旗子尺寸
		G9	道具Logo贴纸（TAC）		边长为0.6 m的正方形贴纸
		G10	赛场舞台装饰（TAC）		长12 m，宽0.4 m×4m
	馆内功能	G11	候场区2个，称重区1个指示地贴		200 cm×60 cm
		G12	参赛队员入场、退场方向贴		0.35 m×0.8 m
		G13	方向地贴		0.35 m×0.8 m
		G14	备馆学校名地贴		80 cm×40 cm
		G15	备馆区学校位置图		2.5 m×1.2 m
		G16	评委席、裁判席喷绘或KT板、解说席、赞助商展区		
		G17	生命柱安装区指示地贴（TAC）		200 cm×60 cm
		G18	等待区指示地贴（TAC）		200 cm×60 cm
		G19	房间指示牌		0.2 m×0.1 m
		G20	饮水点指示牌		80 cm×40 cm
		G21	看台座位区KT板贴纸		30 cm×80 cm

续表

到位时间	类别	编号	名称	组别	规格
比赛前一天	馆外氛围	G22	主题背景墙	场馆组	12 m×4 m
		G23	道旗		1.2 m×3.5 m或0.6 m×2 m
		G24	场馆大门装饰		
		G25	大赛立体字		
		G26	公交车站广告牌		
	馆外功能	G27	导视-引导指示牌		
		G28	报到处喷绘或易拉宝		4 m×3 m
	直播间	D1	笔记本贴纸(本届Logo)	导演部	20 cm×12 cm的椭圆形
		D2	解说用KT板		A3大小
		D3	解说背景墙(直播间)		3 m×2 m
		D4	麦克风Logo标签		7 cm×3 cm
	展示区	S1	广告板	公关组	KT板,1.8 m×0.6 m
		S2	赞助商企业门楣		KT板,2.4 cm×70 cm

附件3.6 印刷
设计物资清单

附件3.7 ROBOTAC设计说明

赛事定位

ROBOTAC赛事是新兴的机器人赛事，相比于之前的一些机器人比赛，ROBOTAC更加注重团队策略与相互对抗，趣味性更足，可观性更强。

Logo结构紧密

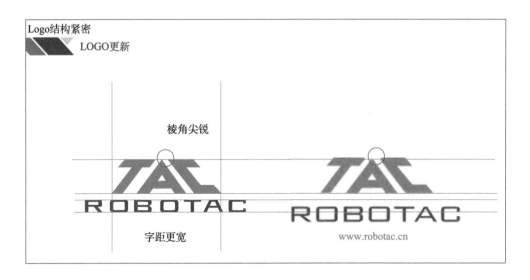

LOGO更新

棱角尖锐

字距更宽

色彩规范

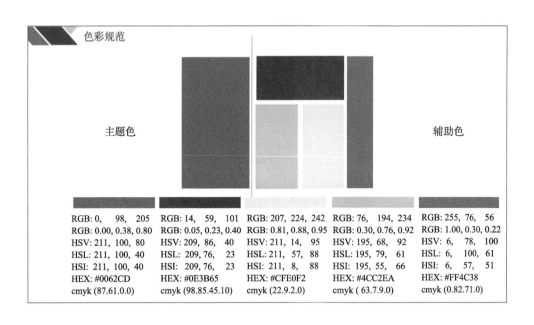

主题色

辅助色

RGB: 0,　98,　205	RGB: 14,　59,　101	RGB: 207, 224, 242	RGB: 76,　194, 234	RGB: 255,　76,　56
RGB: 0.00, 0.38, 0.80	RGB: 0.05, 0.23, 0.40	RGB: 0.81, 0.88, 0.95	RGB: 0.30, 0.76, 0.92	RGB: 1.00, 0.30, 0.22
HSV: 211, 100, 80	HSV: 209, 86,　40	HSV: 211, 14,　95	HSV: 195, 68,　92	HSV: 6,　78,　100
HSL: 211, 100, 40	HSL: 209, 76,　23	HSL: 211, 57,　88	HSL: 195, 79,　61	HSL: 6,　100,　61
HSI: 211, 100, 40	HSI: 209, 76,　23	HSI: 211, 8,　88	HSI: 195, 55,　66	HSI: 6,　57,　51
HEX: #0062CD	HEX: #0E3B65	HEX: #CFE0F2	HEX: #4CC2EA	HEX: #FF4C38
cmyk (87.61.0.0)	cmyk (98.85.45.10)	cmyk (22.9.2.0)	cmyk (63.7.9.0)	cmyk (0.82.71.0)

辅助图形

选用不规则多边形组合作为赛事辅助图形，能够体现出ROBOTAC现代、灵活、协作等特点，同时能够保证适用多种不同应用场景。

文字规范

标题(重点文本)：思源黑体CN Bold
正文:思源黑体CN Medium

注释(次要信息)：思源黑体 CN Light

附件3.7 ROBOTAC

设计说明

附件3.8 志愿者岗位需求统计

志愿者岗位需求统计

部门	分组	岗位职责	人数
总调度	总调度	志愿者工作的总体调度和监督	2
机动组	机动组	1. 总调度临时分配的工作; 2. 报到前两天协助物资组	15
安全部	安全部	协助特勤安保秩序维持、控制进出场人员、维持观众秩序	8
综合部	物资组	1. 赛前:装资料袋、报到; 2. 赛中:服务中心、体验区值班; 3. 赛后:证书奖状制作发放	3
	场馆组	1. 场馆布置:物资对接、设备检查、布置执行; 2. 场馆管理:清场、设备运行	2
活动部	活动部	1. 信息通知:比赛、活动; 2. 会议活动筹备、彩排、座位安排	4
	随队志愿者	1. 开幕式、闭幕式及彩排举牌; 2. 随队联络; 3. 拉拉队(导演部复用)	
竞赛部	裁判组	1. 称重、贴标签; 2. 裁判助理、计分助理; 3. 视频录制	18
	场地道具组	1. 复位道具; 2. 比赛场地检查、维护、清扫; 3. 比赛期间清场(1人×4角)	6
	赛程	1. 调度:控制准备队伍数目:赛1组,备2组,负责叫场志愿者的调度协调; 2. 叫场:获取赛程表,负责叫场; 3. 引导:引导比赛队员入场退场,收/发马甲	10
总务部	总务部	1. 信息汇总更新、发通知; 2. 车辆调度、接送站、通勤车; 3. 餐饮住宿安排	4
导演部	技术运维	协助导演部	2
	赛场效果	协助做好DJ、VJ相关工作;拉拉队组织	2
宣传部	采访	配合采访活动,主要负责场地内的记者采访协调配合等工作	2
	视频	视频剪辑、编辑	2

附件3.8 志愿者岗位需求统计

附件3.9　志愿者工作日程

志愿者工作日程

部门	分组	人数	××××年××月××日 9:30—11:00	××××年××月××日 14:00—17:00	××××年××月××日 9:30—11:30	××××年××月××日 14:00—17:30	8:30—10:30 报到 拆箱调试	8:30—9:30 裁判员会议	9:30—11:30 机器人检录	10:00—11:30 领队会,抽签仪式	14:00—16:00 指导教师交流会	16:00—17:00 热身赛	17:20—18:20 开幕式彩排	8:30—9:00 开幕式	9:00—12:00 机器人教育国际交流论坛	9:00—12:00 小组循环赛	13:30—16:30 小组循环赛	16:30—17:30 交流赛	17:00—18:00 闭幕式颁奖彩排	8:30—9:20 复赛16进8 8	9:20—9:50 复赛8进4	9:50—10:10 半决赛	10:30—0:45 决赛	10:50—11:30 颁奖,闭幕式	14:00—16:00 交流活动	18:00—19:00 技术分享交流会
总调度																										
	机动组	15	√	√	√	√	√	√	√	√	√	√	√	√	√	√	√	√	√	√	√	√	√	√	√	√
	安全部	8				√	√	√	√	√	√	√	√	√	√	√	√	√	√	√	√	√	√	√	√	√
综合部	物资组	2	√	√	√	√			√				√						√							
	场馆组																									
活动部	活动组	3																								
	举牌 志愿者（36人）	36																								

续表

附件 3.9　志愿者工作日程

部门	分组	人数	××××年××月××日 9:30—11:00	××××年××月××日 14:00—17:00	××××年××月××日 8:30—10:30 报到拆箱调试	8:30—9:30 裁判员会议	9:30—11:30 机器人检录	10:00—11:30 领队会、抽签仪式	14:00—16:00 指导教师交流会	16:00—17:00 热身赛	17:20—18:20 开幕式彩排	××××年××月××日 8:30—9:00 开幕式	9:00—12:00 机器人教育国际交流论坛	9:00—12:00 小组循环赛	13:30—16:30 小组循环赛	16:30—17:30 交流赛	17:00—18:00 闭幕式颁奖彩排	××××年××月××日 8:30—9:20 复赛16进8	9:20—9:50 复赛8进4	9:50—10:10 半决赛	10:30—10:50 决赛	10:50—11:30 颁奖附闭幕式	14:00—16:00 交流活动	18:00—19:00 技术分享交流会
竞赛部	裁判组	34			√	√	√	√	√	√	√	√	√	√	√	√	√	√	√	√	√	√	√	√
	场地道具组	4	√	√	√	√	√	√	√	√	√	√	√	√	√	√	√	√	√	√	√	√	√	√
	赛事调度	2		√		√	√	√	√	√	√	√	√	√	√	√	√	√	√	√	√	√	√	√
	赛程叫场组	6			√		√	√	√	√	√	√		√	√	√	√	√	√	√	√	√	√	√
	程序引导组	4			√		√		√	√	√	√		√	√	√	√	√	√	√	√	√	√	√
总务部	后勤组	5	√	√	√		√	√	√	√	√	√	√	√	√	√	√	√	√	√	√	√	√	√
	接待组		√	√	√		√	√	√	√	√	√		√	√	√	√	√	√	√	√	√	√	√
	公关组								√	√	√	√		√	√	√	√					√	√	√
导演部	导播组	4			√	√	√	√	√	√	√	√	√	√	√	√	√	√	√	√	√	√	√	√
	赛场效果组	40	√	√	√		√	√	√	√	√	√		√	√	√	√	√	√	√	√	√	√	√
宣传部	拉拉队	4	√		√		√		√	√	√	√		√	√	√	√	√	√	√	√	√	√	√

工作时间段

注：(1)全程在酒店、跟车等，总务部专用。
(2)机动组8女+物资组2女+活动组2女+裁判组10女+赛程组10女+导演部2女+宣传组4女=38女举牌。
(3)志愿者总人数为131人。

附件**3.10** 优秀志愿者评选方案

全国大学生机器人大赛优秀志愿者评选方案

为鼓励和表彰在全国大学生机器人大赛青年志愿者工作中表现优秀的青年志愿者,鼓励青年学生更多、更好地参与到赛事中来,发扬"奉献、友爱、互助、进步"的志愿精神,推动组委会志愿服务进一步规范化和制度化,特制定此评选方案。

一、评选原则

1. 坚持公平、公正、公开的原则。
2. 坚持量化原则。
3. 坚持民主和集中相结合的原则。

二、评选对象

每届全国大学生机器人大赛志愿者。

三、评选要求

(一)基本条件

1. 积极参与全国大学生机器人大赛志愿者组工作,具备奉献精神和协作能力,协助负责人有效开展各项活动。
2. 服务全程没有无故请假、脱岗等行为。
3. 志愿者有效服务小时必须达到20小时。
4. 服务过程中志愿者应全程穿着志愿者服装,展示出良好的青年志愿者风貌。
5. 志愿者个人向组委会提交优秀志愿者申请材料,包括个人志愿服务总结,将电子版材料发送至组委会邮箱。

(二)突出表现

在上述基本条件上,具备下列项目中的某一项或几项具有突出表现的学生予以优先考虑:

1. 担任志愿者小组组长职务,负责协调各项工作,能够起骨干带头作用。
2. 连续多年服务于全国大学生机器人大赛志愿者工作,表现优异。
3. 在服务中某一方面有突出表现,得到大家认可。

四、评选办法

1. 评选遵循公开、公平、公正原则，采取个人申请、负责人推荐、组委会评选委员会审定的方式进行。除竞赛部志愿者无名额限制外，每组优秀志愿者名额比例原则上不超过50%。

各组优秀志愿者评选名额参考表

组别		总人数	优秀名额
竞赛部	裁判组	19	19
	赛程组	16	16
	场地组	12	12
总务部	接待组	4	2
	后勤组	6	4
	公关组	4	2
导演部	直播组	2	1
宣传部	宣传组	6	2
活动部	随队组	73	35
综合部	物资组	6	4
安全部	安保组	16	6
其他	机动组	9	3

2. 组委会成立评选委员会，由组委会及执委会的各组负责人和志愿者组总负责人组成，对候选人进行评选，评选结果在志愿者微信群进行公示。

3. 评选本着公开、公平、公正和负责的态度，对所有参与评选的个人，通过严格审核和评定，评选出优秀志愿者。

五、评选奖励

1. 组委会为获得优秀志愿者称号的志愿者颁发"优秀志愿者"证书，为其他志愿者颁发"志愿服务证明"。

2. 优秀志愿者获得赛事官方纪念品一份。

3. 通过组委会宣传渠道公布获奖名单。

六、本方案最终解释权归全国大学生机器人大赛组委会所有

附件3.10 优秀志愿者评选方案

4 活 动 部

4.1 工作目标

(1)比赛期间及时发布、通知赛事有关信息。

(2)主导负责或配合执委会顺利完成赛事有关活动的组织。

4.2 岗位职责

(1)负责比赛相关信息的通知:通过小程序、短信、电话等方式,保证信息到达。

(2)比赛观众区域的座位划分、门票分配和关键座位区的桌签摆放。

(3)各种会议的会务筹备:裁判会、领队会、专家会、指导教师交流会等。

(4)开/闭幕式的流程设计及实施细节,包括需要的物资对接、人员分工、主持词撰写和审核等。

(5)开/闭幕式DJ/VJ工作的指导,背景音乐,大屏幕显示控制等。

(6)组织赛后技术交流论坛、比赛晚宴等相关活动。

(7)接洽举办方政府及合作方组织的相关活动、参观、论坛等。

4.3 信息沟通

沟通部门	沟通内容	说　明
总指挥	需要通知的信息	信息来自各工作部
总指挥、总务部	出席领导名单	座位、桌签安排
参赛高校	发布、反馈信息	建立与参赛校沟通渠道(微信群、志愿者)

续表

沟通部门	沟通内容	说　　明
场馆组	场地、设备	场馆组前期沟通
活动方负责人	活动内容	开闭幕式、论坛、相关活动

4.4　支撑附件

附件4.1　信息通知指南

附件4.2　相关会议筹备

附件4.3　座位及门票方案

附件4.4　开/闭幕式议程

附件4.5　开/闭幕式物资准备

附件4.6　开/闭幕式流程控制

附件4.7　礼仪培训

附件4.1　信息通知指南

机器人大赛信息通知指南

通知短信时间及内容

序号	项目	通知发布时间	任务	内容模板
1	领队会	前一天19:00	通知领队老师、队长	老师您好,"赛事名称×××"领队会将于"时间"在"地点"举行,期间将进行赛区出场顺序抽签,各位老师务必准时参加。
2	开幕式彩排	前一天19:00	通知队长、旗手	您好,"赛事名称×××"组委会将于"时间"在"地点"进行开幕式彩排,请贵校参赛队务必出两名代表,带校旗(尺寸为4号)于"具体时间"在"具体地点"集合,准时参加开幕式彩排。
3	开幕式	早上提前到场馆	通知老师、队长、旗手	您好,"赛事名称×××"组委会将于"时间"在"地点"举行开幕式,请贵校参赛队中参加开幕式举旗的同学务必于"具体时间"带好校旗(4号)于"具体地点"集合,身着队服,禁止穿拖鞋。此外,贵校参赛队务必出三名代表于"具体时间"在会展中心中厅观众席观看开幕式。
4	闭幕式彩排	前一天19:00	通知队长、旗手	组委会将于"时间"在"地点"进行闭幕式彩排,请各个参赛队务必出两名代表于"具体时间"在"具体地点"集合,准时参加闭幕式入场彩排。此外,再派出一名代表于"具体时间"在"具体地点"集合,参加闭幕式颁奖彩排。收到请回复,谢谢!
5	闭幕式	至少半天前	通知老师、队长、旗手	您好,"赛事名称×××"组委会将于"时间"在"地点"举行闭幕式,请贵校参赛队中参加闭幕式举旗的同学务必于"具体时间"带好校旗(4号)于"具体地点"集合,身着队服,禁止穿拖鞋。此外,贵校参赛队务必出三名代表于"具体时间"在会展中心中厅观众席观看闭幕式。
6	技术交流会	前一天19:00	通知老师、队长	您好,"赛事名称×××"组委会将于"时间"在"地点"举行技术交流会,请贵校参赛队中参加活动的同学于"具体时间"在"具体地点"集合。
7	赛事活动	前一天19:00	通知老师、队长	您好,"赛事名称×××"组委会将于"时间"在"地点"举行"活动名称",请贵校参赛队中参加活动的同学准时参加。

补充说明:

(1)大赛所涉及的所有通知如下(按时间顺序):报道入住通知→领队会通知→开幕式彩排通知→观赛注意事项通知→开幕式通知→闭幕式彩排通知→颁奖典礼通知→闭幕式通知→单项奖 & 指导奖 & 一、二、三等奖通知。

(2)"赛事活动"通知模板适用于:报道入住通知、颁奖典礼通知、观赛注意事项通知。

（3）"单项奖 & 指导奖 & 一、二、三等奖通知"按照历年实践经验不再通过短信通知，而是通过微信群发布通知，个别领取不及时的参赛队通过赛务号手机联系到队长或指导老师。

（4）短信通知与微信群通知并行，群主@所有人。

（5）志愿者负责电话联系未到老师或学生队长。

（6）随队志愿者必须要有所负责学校的联系方式（紧急联系人）。

附件4.1　信息
通知指南

附件4.2　相关会议筹备

领队会会议筹备方案

1. 准备物资

类型	名称	数量	备　注	负责人
宣传	易拉宝	1	上面写"第×届全国大学生机器人ROBOTAC赛事",下面写领队会内容概要	
	海报	若干	写领队会时间、地点、内容、人员	
设备	投影仪	1	PPT播放用,确定好比例(16:9或者4:3)	
	话筒音响	2	无线2个,鹅颈麦2个,无线话筒备好电池	
	电脑	2	播放、直播、录入用	
	配件		视频转接头,激光笔	
	网络直播		网络调试,4G热点	
	空调		提前打开	
会议	PPT		微信公众号&微博二维码 & 小程序二维码抽签结果现场录入PPT	
	参赛名单	2	参赛学校名单及联系人名单(点名及抽签纸质记录用)、上届八强名单	
抽签	抽签箱	1	领队会抽签用,34个签	
	抽签球	34	乒乓球(带号码)	
	电子抽签			
物资	桌签	待定	领导姓名,承办方负责后勤、托运的人,负责决赛当天下午活动的人	
	水	1箱	保证在场领导一人一瓶	
	补充资料		活动票务、补充说明等临时项目	
	纸笔			

2. 分工

工作	内　容	部门
通知参赛学校	领队会的时间、地点; 要求参与人员(队长、指导老师等)以及人数; 领队会大致流程	活动部
会议记录 领队会内容简报	提前与主持人沟通重点	宣传部
抽签结果记录	信息上传	竞赛部

3. 领队会流程

序号	说明	内　容	负责人
1	赛事背景	概况、赛制	
2	奖项设置	赛后技术交流,资料开源共享	
3	赛制说明、抽签	全国赛; 国际赛	
4	裁判实施细则	检录(合格标签); 热身赛; 凡是误判(不是计分错误)、道具问题影响比赛结果,全部重赛	
5	道具情况说明	计分系统、道具说明	
6	赛事进程	手册相关	
7	赛后参观		
8	赛事发展	举办地、赞助商; 开放办赛; 竞赛排名	

4. 小组赛分组抽签流程

(1)40支参赛队在小组循环赛分为8组,A、B、C、D、E、F、G、H组各5支。

(2)上届比赛前八强队伍先分别抽分组签。抽:A1、B1、C1、D1、E1、F1、G1、H1。

(3)其余参赛队按校名拼音顺序抽取序号。

(4)以上32支参赛队,按序号在A2-A5、B2-B5、C2-C5、D2-D5、E2-E5、F2-F5、G2-G5、H2-H5中抽分组号。

(5)抽签结束,公布结果,裁判组上传到赛事进程。

准备的签号

第一组　八强签　A1-G1　共8张

第二组　分组签　A2、A3、A4、A5、B2、B3、B4、B5、
　　　　　　　　C2、C3、C4、C5、D2、D3、D4、D5、
　　　　　　　　E2、E3、E4、E5、F2、F3、F4、F5、
　　　　　　　　G2、G3、G4、G5、H2、H3、H4、H5
　　　　　　　　共32张

5. 抽签结果发布

抽签结果在发布前以及发布后的第一时间都需要仔细确认!

技术交流会筹备方案

时间:××月××日××时(闭幕式后)

地点:现场

主讲人:冠、亚、季军参赛队成员代表、最佳设计(需要准备PPT现场讲解)

主要内容:

(1)机器人设计方案分享。

(2)团队备赛经验交流。

(3)比赛策略交流。

要求:冠、亚、季军队伍务必携带参赛机器人参会,其他队伍可携带本队参赛机器人参加交流。PPT讲解分享之后可以在场地上继续进行相关的技术探索。

备注:提前与相关队伍建立联系,提前发布活动通知。可以把要求加在参赛手册之中。

指导教师交流会会议筹备方案

1. 准备物资

类型	名称	数量	备 注
设备	投影仪	1	PPT播放用,确定好比例(16:9或者4:3)
	话筒音响	4	无线2个,鹅颈麦2个,无线话筒备好电池
	空调		提前打开
物资	桌签	待定	
	水	3箱	保证在场领导老师一人一瓶
	纸笔	若干	

2. 活动安排

时间:领队会后

主持人:

活动通知:提前两小时

会务:志愿者(桌签打印摆放、分发水)

附件4.2 相关
会议筹备

附件4.3 座位及门票方案

座位、桌签及门票方案

1. 活动桌签摆放

根据领导嘉宾名单同执委会、总指挥确定桌签制作摆放方案。

2. 座位区域划分

座位类别	座位数	座位位置	票证	入席通道	准备工作	座位安排
专家席	××	专家席	专家证	嘉宾通道	桌签、资料、饮水	专家组
领导席	××	领导席	嘉宾证			活动部
特邀嘉宾席	××	嘉宾席	嘉宾证		背签座签、饮水 短信通知坐在特邀嘉宾席	
参赛队席	××	看台参赛队区	参赛证	参赛队通道	贴标签、引导入座	志愿者+场馆组
嘉宾席	××	看台嘉宾区	嘉宾证	观众通道		
观摩席	××	看台观众区	观摩票	观众通道		
承办方观众席	××					

注:决赛前,参赛队、观众、嘉宾凭票(证)任意就坐观赛,不区分座位类别。

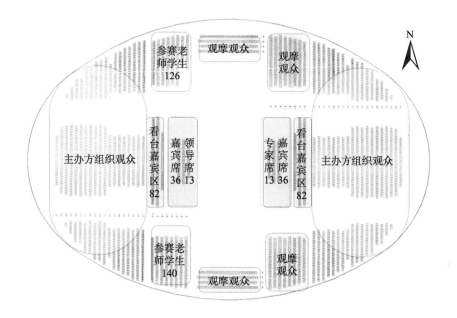

3. 论坛票分配

类别	人数	发放渠道
专家发言嘉宾	××	物资组
领导	××	总务部
组委会工作人员	××	物资组
参赛队	××	领队会发放,申领
赞助商嘉宾	××	物资组
组委会嘉宾	××	物资组
承办方嘉宾	××	承办方组织

附件4.3 座位
及门票方案

附件4.4 开/闭幕式议程

开幕式议程

1. 参赛队入场仪式（主持人依次宣读校名及入场词）；
2. 播放大赛宣传片和××市宣传片；
3. 介绍领导及嘉宾、评委会成员、裁判员；
4. 奏唱国歌；
5. 裁判员、参赛队代表宣誓；
6. 播放介绍比赛主题及规则视频；
7. ××领导致欢迎词；
8. ××领导讲话；
9. 大赛启动仪式。××省委领导、大赛评审委员会主任、××市领导。

闭幕式议程

1. 现场互动；
2. 观看总决赛；
3. 节目表演；
4. 参赛队入场；
5. 介绍领导及嘉宾、评委会成员；
6. 奏唱国歌；
7. 致辞；
8. 大赛精彩回放；
9. 宣布成绩、颁奖；
10. ××宣布大赛闭幕；
11. 合唱《歌唱祖国》。

附件4.4 开/闭
幕式议程

附件4.5 开/闭幕式物资准备

开/闭幕式物资清单

物资类型	物资序号	物资名称	物资来源	备注
文档文稿	1	开/闭幕式议程	赛程组与举办方沟通协定	摆放
	2	入场式(彩排)流程		
	3	颁奖流程		
	4	奖项设置	总指挥	
	5	获奖名单	竞赛部	
	6	开/闭幕式出席领导名单	总协调、执委会	
	7	领导致辞	总协调、执委会	
	8	开/闭幕式主持词	赛程组与举办方沟通协定	
	9	开幕式学校入场介绍词	大赛官网报名系统导出	
多媒体素材	1	视频:宣传片、比赛回顾	导演部	
	2	比赛规则视频	竞赛部	
	3	音乐:入场、国歌、颁奖	活动部	
	4	主背景图	设计组	
	5	流程背景图:流程环节、奖项、嘉宾名单	设计组	
	6	动图:国旗、开幕等	设计组	
开/闭幕式	1	旗杆	物资组	
	2	校旗	参赛队自带	
	3	手举校牌	设计组	
	4	定位地贴	设计组	
	5	舞台效果:彩带、流沙	物资组	
	6	证书、奖杯、奖杯桌	物资组	
舞台设备	1	大屏幕		提前调试 彩排
	2	音响		
	3	灯光		
其他物资	1	主席台桌签/水/会议流程	物资组	
	2	发言台	物资组	含贴纸
	3	获奖证书与奖杯	物资组	
	4	证书托盘	物资组	
	5	抽签盒(球)	物资组	

备注:物资回收。

附件4.5 开/闭幕式
物资准备

附件4.6 开/闭幕式流程控制

开幕式流程控制

序号	流程	音乐(DJ)	背景(VJ)	灯光	志愿者	礼仪	备注
0	活动前	轻松音乐	大赛主题图				音乐或宣传片二选一
1	主持人上场	开场音乐	大赛主题图				开幕式主持词
2	视频	大赛宣传片					
3	主持人介绍	无	大赛主题图				
4	参赛队入场	运动员入场	大赛主题图		1.预设上下场路线图; 2.上场过程中举牌要面向领导观众; 3.上场后牌放到地标中心,手放在牌上面两侧; 4.活力挥旗		彩排判断行走速度,控制入场节奏
5	介绍嘉宾	介绍嘉宾	大赛主题图				
6	奏唱国歌	国歌	动态国旗				
7	宣誓	宣誓 (上台用)	显示宣誓人名字			引导嘉宾上下台	裁判员和参赛队代表宣誓
8	视频	播放规则视频					
9	领导致辞	领导致辞 (上台用)	领导头衔和名字			引导嘉宾上下台	发言人员待定
10	启动仪式	领导上台启动仪式	大赛主题图		宣布开幕,旗手挥舞校旗		出席人员待定
11	退场	开幕式退场			回收物资		

闭幕式流程控制（传统）

序号	流程	音乐(DJ)	背景(VI)	灯光	志愿者	礼仪	物资	领奖代表	颁奖嘉宾	调度	备注
0	活动前	赛事回顾短片									人机互动之后
1	主持人上场	开场音乐	大赛主题图					通知领奖代表在舞台旁边等候区候场		根据颁奖顺序给领奖代表、物资排序	主持词
2	参赛队入场	运动员入场轻松音乐	大赛主题图		1.预设上下场路线图；2.上场过程中举牌要面向领导观众；3.上场后牌放到地标中心，手放在牌上面两侧；4.活力挥旗						
3	介绍嘉宾	介绍嘉宾	大赛主题图							根据颁奖安排物资、礼仪；控制节奏	
	单项奖	颁奖音乐	获奖名单								
	二等奖	颁奖音乐	获奖名单								
	一等奖	颁奖音乐	获奖名单								
	冠、亚、季军	颁奖音乐	获奖名单								
4	领导致辞	领导致辞(上台用)	领导头衔和名字			引导嘉宾上下台					发言人员待定
5	宣布闭幕退场	领导上台 启动仪式	闭幕图		回收物资						出席人员待定

附件4.6 开/闭幕式流程控制

附件4.7　礼仪培训

礼仪培训

1. 颁奖礼仪分工

主持人	礼仪任务
主持人宣读本轮获奖名单时	A1引导获奖代表上台；提醒获奖代表靠后站
主持人宣读颁奖领导时	B1引导领导上台；引导领导下场
领导上台时	C1端获奖证书/奖杯

（1）礼仪具体任务

A1：读到"获得'×××三等奖'的学校有……"时引导获奖代表上台，到达指定位置后示意获奖代表停住，面向颁奖人；颁奖合影完成后，提醒获奖代表靠后站，然后下场。

B1：先迎接领导，引导领导上台，与领导间隔一步到两步，到达领奖队伍一端后，示意邀请领导颁奖，然后到达下场处等候领导，合影完成后引导领导下场。

C1：手端获奖证书/奖杯跟在领导身后一步，根据领导的节奏，适时后退，直至颁完最后一位，下场。

（2）颁奖具体流程

1）主持人宣读第一轮获奖名单时（读到"获得'×××三等奖'的学校有……"），A1引导获奖代表上台，到达指定位置后示意获奖代表停住，面向颁奖人。主持人宣读颁奖领导时，B1引导领导上台，与领导间隔一步到两步，C1手端获奖证书/奖杯跟在领导身后一步，到达领奖队伍一端后，B1示意邀请领导颁奖，C1根据领导的节奏，适时后退，直至颁完最后一位，然后三位礼仪都退出合影区，C1下场，B1在下场处等待领导，合影完成后，A1提醒获奖代表靠后站，然后A1下场，B1引导领导下场。

2）主持人宣读第二轮获奖名单时，A2、B2、C2重复A1、B1、C1的任务。

3）最后一轮颁奖合影后，由礼仪引导获奖代表下场。

2. 礼仪工作规范

（1）引领礼仪标准

1）引领嘉宾或领导时，应走在被引领者的左前方并保持一到两步的间距，要把

最安全的地方留给客人;

2)在引领过程中,要面带微笑并注意手势的规范性,也可对客人说:"您好,这边请",让被引领者感到亲切;

3)要与客人有目光交流并不时地向他示意要去的方向,同时调整自己的步速以保证和被引领者的距离适当。

(2)颁奖礼仪标准

1)奖品的拿法:如果是颁发证书,或是奖牌,应该用食指、中指、无名指拖住证书(奖牌)的下缘,拇指扣在侧缘,小指在后面顶住证书(奖牌)以便能够稳稳地托住它;如果是奖杯,则用左手拖住底座,右手扶在奖杯的上部,把中部留给嘉宾,方便其拿取;如果是托盘,应将拇指扣在托盘两侧,其余手指朝外。

2)一般情况下,获奖选手在台上站成一排,礼仪由舞台一侧排队上台,中间要有一定的间距。走在台上时,礼仪要上身转向观众席,并把手中奖品托在腰胯际正对观众,面带微笑(注:手与侧腰大约一拳的距离)。颁奖人上台后,礼仪应双手呈递且鞠躬让颁奖人接过奖杯或证书(注:向前微躬15度把奖杯或证书递给颁奖人)。颁完奖后礼仪从获奖者身后走下台,可以不用排队。

3)如果是颁奖的领导在台上,礼仪上台把证书或奖杯呈递给颁奖人后马上排队原路返回。

附件4.7 礼仪培训

5 竞 赛 部

 ## 5.1 竞赛部部长

5.1.1 工作目标

(1)及时、准确发布竞赛的有关信息。

(2)保障场地道具的安全性、可靠性。

(3)保障赛事公平、公正开展,及时有效处理争议,及时准确发布比赛结果成绩。

5.1.2 岗位职责

(1)参赛手册中赛程信息的制定:比赛日程,比赛使用的赛制、规则要点、奖项设置,比赛场序表的排布等。

(2)竞赛部的物资管理和分配、赛后回收,涉及裁判组、道具组。

(3)竞赛部工作人员及志愿者岗位职责及分工,控制比赛进程。

(4)组织比赛期间的仲裁及申诉工作。

(5)比赛获奖名单、申诉汇总表的发布。

(6)赛后报销、劳务统计。

5.1.3 信息沟通

沟通部门	沟通内容	说明
总指挥	手册信息	赛事手册有关信息
参赛队	执裁标准	官网发布规则、FAQ、细则等文档
物资组	确认(自购)所需物资	裁判服装

沟通部门	沟通内容	说明
竞赛部各组	发布、反馈信息	赛事有关重要信息
志愿者组	确定竞赛部志愿者人数及要求	培训、分组
导演部	场序信息、比赛成绩信息传递	时间、导播
宣传部	获奖名单	及时审核、发布

5.1.4 支撑附件

附件5.1 竞赛部物资清单

附件5.2 竞赛部人员岗位职责及分工

附件5.3 竞赛部志愿者岗位分工

附件5.4 赛程组志愿者工作实施细则

附件5.5 竞赛部人员站位图

附件5.6 申诉汇总表

5.2 专家组

5.2.1 工作目标

(1)赛事专家全程尽职完成评审任务,有关单项奖评审无误无争议。

(2)专家的接待工作无纰漏。

(3)赛事专家给予赛事较高评价。

5.2.2 岗位职责

(1)专家评审委员会名单的确定,专家邀请及接待,专家个人信息的统计。

(2)明确专家评审委员会职责,制定比赛期间专家评审委员的活动日程。

(3)组织当届比赛单项奖的评审及结果发布。

5.2.3　信息沟通

沟通部门	沟通内容	说明
专家委员会主任	专家邀请	
各专家	职责及日程	行程、接待安排
总务部	专家接待需求	根据专家日程做好保障：住宿需求，用餐需求
参赛校	单项奖申报要求	收集并整理单项奖申报情况
竞赛部部长	反馈评审信息	单项奖

5.2.4　支撑附件

附件5.7　专家组职责及日程安排

附件5.8　奖项设置及评选要求

附件5.9　单项奖评选专家记录表

5.3　裁判组

5.3.1　工作目标

严格遵守比赛规则、FAQ、裁判实施细则，通过技术手段（裁判计分及赛程系统）公平、公正、准确、高效地完成赛事执裁工作。

5.3.2　岗位职责

（1）开展裁判培训及裁判考核。

（2）裁判积分系统及赛程系统的开发和使用。

（3）每场比赛比分数据的记录及留存。

（4）赛事过程信息的传递和发布。

5.3.3 信息沟通

沟通部门	沟通内容	说明
竞赛部部长	赛程安排及变化	裁判、志愿者每天晚上根据实际情况更新第二天工作日程
	物资、比赛过程信息	赛程发布系统
技术开发	裁判软件、赛程系统测试	

5.3.4 支撑附件

附件5.10　裁判工作实施细则

附件5.11　裁判培训及考核

 5.4　场地道具组

5.4.1 工作目标

保障比赛期间比赛场地及比赛道具的准确、安全、可靠、经济。

5.4.2 岗位职责

(1)赛前监制场地道具,确保符合规则图册;比赛期间负责比赛场地和比赛道具的维护。

(2)备馆区练习场地的制作、比赛微缩场地的制作,比赛场馆中体验区的设置。

5.4.3 信息沟通

同场地道具制作方沟通。

5.4.4 支撑附件

附件5.12　比赛场地制作手册

附件 5.1 竞赛部物资清单

竞赛部物资清单

分类	物资	数量	单位	规　格
服装配件	秒表	8	个	副裁及计时人员用
	哨子	1	盒	场上裁判用
	足球裁判旗	10	把	红、蓝各5把
	裁判服	40	件	每人2件,黑色
	防护头盔	24	个	学生用,红、蓝各12个
	护目镜	24	个	护目镜
	红蓝马甲	36	件	学生用,红、蓝各18件
检录设备与耗材	易碎贴(TAC标)	2	套	北京提供,称重检查用
	磅秤	2	套	承重50 kg
	托盘	2		托盘面积1 m×1 m
	测量杆	2	个	0.75 m长,标有0.6 m刻度线,测量机器人尺寸
	测量卷尺	2	个	1个15 m,1个5 m,赛场检查用
	手持万用表	2	个	检查机器人电池
	生命柱拆装工具	4	个	上下场快速拆装生命柱
网络、通讯设备	路由器	2	个	裁判、评委专用
	对讲机、头戴式耳麦	8	套	对接赛程叫场用
	扩音器	2	个	对接赛程叫场用
录像设备	监控设备	1	套	比赛期间事实录像,随时可以回看,辅助裁判进行判罚 4个海康威视的摄像头
	图传	6	套	带外壳
线缆类	视频线HDMI	10	条	3 m,图传、视频采集卡用
	HDMI视频采集卡	2	个	第一视角用
	HDMI分线器	2	个	第一视角用
	插排	3	个	15 m以上的公牛插排3条
	网线	1	箱	计分软件连线、电脑连线、监控连线
工具类	扎带	2	包	规格5×200 捆绑线
	防水胶带	2	卷	红黑各1卷,电子秤维修用

分类	物资	数量	单位	规 格
设备	打印机	2	台	激光打印机
	台式电脑	2	台	有网卡能接HDMI拓展屏,裁判系统用
	大屏幕显示器(电视)	2	台	55寸以上,带落地支架,HDMI输入,显示比赛时间
	27寸显示器	3	台	HDMI输入,裁判系统2台、监控1台
	键盘鼠标	3	套	监控用、裁判系统电脑用
其他	过线板	若干		场地通道过线使用
清洁物资	垃圾桶	若干		垃圾桶和垃圾袋
日常物资	一次性鞋套	2	包	每包500个
	布鞋套	200	个	裁判和场地维护用,质量稍好些
	抽纸	16	包	每天保障4包×4天
	瓶装水	4	提	1提每天
文具类	打印纸	2	包	2白
	得力红黑中性笔(0.5mm)	4	盒	3黑1红
	档案盒	6	个	存放比赛成绩
	燕尾夹	1	盒	32 mm
	写字板	10	个	比赛记录成绩用
防疫物资	免洗液	2	瓶	
	口罩	600	个	每人每天2个

分类	物资	数量	单位	规 格	准备部门
场地道具及备件	场地道具及备件			根据当年规则制定	研发基地
工具类	工具箱	2	个		竞赛部
	改锥	2	支		竞赛部
	套筒	2	支		竞赛部
	斜口钳	2	个		竞赛部
	电改	2	把	配套充电器	竞赛部
	披头	2	套		竞赛部

续表

分类	物资	数量	单位	规　格	准备部门
工具类	手钻	1	把		竞赛部
	钻头	1	套		竞赛部
	水平尺	1	把		竞赛部
	卷尺	1	把		竞赛部
	红蓝宽胶带	10	卷	45 mm×10 m 红蓝各5卷	竞赛部
	捡球器	2	把		竞赛部
	道具篮	6	个	豪华新料中号红蓝各3个	研发基地
	剪刀	5	把		物资
	美工刀	5	把		物资
	美工刀片	1	盒		物资
	警戒胶带	2	卷	划分区域	物资
	警戒线	若干	卷	划分区域	物资
美化	贴纸	1	套	场地内TAC标志贴纸	设计部
清洁物资	笤帚	4	把	同场馆清洁人员对接	物资
	拖把	4	把		物资
	抹布	若干	块		物资
	垃圾袋	若干	个		物资

附件5.1　竞赛部
物资清单

附件5.2　竞赛部人员岗位职责及分工

竞赛部人员岗位职责及分工

1. 赛前检查

组成员	姓名	职　责	表格	志愿者人数
负责人		1. 统筹检查细则,确定检查流程; 2. 保证机器人全部检查,并进行统计修正	裁判工作实施细则 赛前检查用表	1人
手动机器人 检录裁判		1. 检查机器人尺寸是否满足尺寸要求,提醒重量问题; 2. 检查机器人生命柱安装是否符合要求; 3. 确定机器人雷同问题并记录和提醒; 4. 检查供电、气缸等各种注意事项; 5. 贴合格签; 6. 生命柱、摄像头、减血模块安装		4人 快速记录 书写速度快
仿生机器人、 射击距离 检录裁判		1. 检查机器人类型、尺寸是否满足尺寸要求,提醒重量,提醒灯条; 2. 确定机器人雷同问题并记录和提醒; 3. 检查供电、气缸等各种注意事项; 4. 贴合格签; 5. 检查射击距离	裁判工作实施细则 赛前检查用表	2人 快速记录 书写速度快
自动检录 裁判		1. 检查机器人尺寸是否满足尺寸要求,提醒重量问题,提醒灯条; 2. 检查供电、气缸等各种注意事项; 3. 检查机器人各种动作; 4. 确定减血模块是否能够安装; 5. 贴合格签		2人
称重		1. 维护秩序; 2. 保证电子秤的正常使用	赛前检查用表	2人
引导		1. 引导学校检查; 2. 维持出入口秩序	参赛学校名单	2人
裁判合计	9人		志愿者合计	13人

2. 比赛期间

裁判组成员	姓名	职 责	表格	志愿者人数
裁判长		确认裁判分工与监督值裁,申诉受理,闭幕式宣布成绩	比赛时间计算表 手册信息 竞赛部物资清单 竞赛部志愿者岗位职责 竞赛部工作日程甘特图 裁判工作实施细则 比赛用表	
竞赛部长		1.编写赛制,场续时间表; 2.工作区布局规划,人员分工; 3.与总务部对接裁判人员和行程信息; 4.确定竞赛部所需物资并对接; 5.监督赛程系统设计开发,审核; 6.检查核对成绩,监督赛程系统录入; 7.竞赛部分获奖名单,参与单项奖评选,赛事信息传递,申诉受理; 8.监督协助检录; 9.把控比赛节奏; 10.监督物资回收与劳务信息统计		2人
主裁判		秒表计时(以裁判系统为准,手计时做备份,吹哨备份); 进行比赛胜负的判定,争议的受理、解决(可调取现场录像); 取消严重犯规参赛队的比赛资格,特殊情况请示裁判长; 赛后确认比赛成绩单	裁判工作实施细则 比赛时间计算表 比赛用表	2人(与计分软件人员沟通,核实最终比分)
减分副裁判		判罚犯规,喊话+旗语提醒,将故障机器人断电并拿出场外; 比赛期间道具出现问题时申请重赛	裁判工作实施细则	
加分副裁判		人工计分:看、报得分和速胜		

裁判组成员	姓名	职 责	表格	志愿者人数
成绩助理裁判		领队会记录抽签结果,抽签后制作各种表格(带学校的赛程); 赛程系统录入:抽签结果,积分赛比分; 制作获奖名单、信息传递发布; 比赛结果记录留存并传递给主持人、专家组、志愿者、检录; 对阵表更新信息;提供张贴对阵信息	手册信息 比赛用表	2人(录入比赛成绩)
视频助理裁判		专用机位布置,录制比赛视频,可第一时间查阅回放		
赛程		安排叫场,与学校、竞赛部部长协调时间和顺序引导	比赛时间计算表 手册信息 比赛用表	10人
机器人检录		1. 称重记录; 2. 测量尺寸; 3. 检查机器人改装问题; 4. 限制人数:上场的参赛队只允许有1名教师和6名学生队员	比赛用表	4人
计分		根据解说员指令,进行裁判系统软件操作(3分钟计时); 视频切换(软件+第一视角); 软件、人工计分核对	比赛用表	2人(与计分软件人员沟通,核实最终比分)
裁判合计	17人		志愿者合计	21人

3. 场地道具

场地组成员	姓名	职　责	表格	志愿者人数
生命柱 加血模块		1裁判道具总负责	比赛用表	10人
		1裁判+5志愿者:重置、安装生命柱,加血模块; 不得使用胶粘或其他辅助方式固定生命柱插头		
		1裁判+3志愿者:回收生命柱,加血模块,回收篮子×3		
		1裁判+2志愿者:生命柱、加血包的重置和充电		
无线视频模块		1裁判+2志愿者:第一视角摄像图发放安装&回收	比赛用表	2人
场地裁判 系统相关 软硬维护 场地组		堡垒、加减血系统、通道道具维护; 干扰器放置、回收		10人 (捡球&清理场地)
		比赛场地间、场地通道、道具维护; 场地物资,场地规划,单项赛道具及垫子		
场地组合计	7人		志愿者合计	22人

附件5.2 竞赛部人员
岗位职责及分工

附件5.3　竞赛部志愿者岗位分工

竞赛部志愿者岗位职责及分工

1. 赛前检查

岗位	姓名	工作内容	志愿者需求	备注
竞赛部部长		监督与协助检录 联络各位裁判	1人	裁判站位图
手动机器人检查		记录检查结果 协助检查 贴易碎贴	4人	《裁判工作实施细则》 《轮式机器人检查记录表》 易碎贴
仿生机器人、射击距离检查		记录检查结果 协助检查 射击距离检查 贴易碎贴	2人	《裁判工作实施细则》 《仿生机器人检查记录表》 易碎贴
自动机器人检查		记录检查结果 协助检查 贴易碎贴	2人	《裁判工作实施细则》 《自动机器人检查记录表》 易碎贴
称重		维护秩序 保证电子秤的正常使用 记录数据	2人	《称重记录表》
引导		维护出入口秩序 引导学生检查	2人	《参赛学校名单》
合　计			13人	

2. 比赛期间

岗位	赛期	姓名	工作内容	数量	备注
竞赛部部长	赛间		核对成绩与场序 协助与监督检查成绩录入 信息传递发布 协助单项奖评选	2人	各时间段场序表 成绩表
	赛后		清点物资,记录物资回收情况		物资清单
主裁判	赛间		观察裁判软件 提醒主裁比分与上场双方 必要的信息沟通	2人	场序表
成绩助理裁判	赛前		领队会抽签结果,协助录入表格	2人	手册信息
	赛间		录入比赛成绩 制作下一阶段对阵表格 比赛结果记录留存上交给负责裁判 信息传递与公示张贴		手册信息 比赛时间对阵表
	赛后		协助制作获奖名单		
赛程	调度		控制准备队伍数量:赛一组,备两组 负责叫场志愿者的调度协调	1人(男)	赛程表
	叫场		获取赛程表,负责把参赛学校从备馆区叫到检录处	4人(女)	赛程表
	引导		引导比赛队员入场退场,收发马甲	4人(女)	赛程表
检录	尺寸检查		维持秩序 记录数据	2人	
	称重		保证称重/测量工具正常使用 保存数据至当天结束后上交 整理物资,协助清点完成	2人	
计分	赛间		与计分人员沟通核实最终比分 协助计分裁判软件或人工计分	2人	计分表 比赛时间对阵表
合 计				21人	

3. 场地道具

岗位	赛期	姓名	工作内容	志愿者需求	备注
安装生命柱	赛间		重置、安装生命柱和加血模块	5人	需要相应工具，不得使用粘接等方式固定生命柱插头
	赛后		清点、协助回收生命柱		物资清单
回收生命柱	赛间		回收生命柱和加血模块	3人	需要3个回收篮子
	赛后		清点、协助回收加血模块		物资清单
生命柱充电和重置	赛间		生命柱和加血模块重置和充电	2人	充电须有人值勤
无线视频模块	赛间		安装和回收无线视频模块	2人	相应工具
	赛后		清点、协助回收视频模块		物资清单
复位场地道具	赛间		场地内的道具维护 消毒与打扫场地 比赛场地与通道维护 干扰器放置与回收 单项赛场地布置 捡拾与摆放炮弹	10人	卫生设备 捡球设备 鞋套
	赛后		协助场地道具回收 回收炮弹 清点物资		物资清单
合　计				22人	

附件 5.3　竞赛部
志愿者岗位分工

附件5.4 赛程组志愿者工作实施细则

赛程组志愿者工作实施细则

一、赛程组志愿者职责

岗位	赛期	姓名	工作内容	数量	备注
赛程	调度		控制准备队伍数量:赛一组,备两组,负责叫场志愿者的调度协调	1人(男)	赛程表
	叫场		获取赛程表,负责把参赛学校从备馆区叫到检录处	4人(女)	赛程表
	引导		引导比赛队员入场退场,收发马甲	4人(女)	赛程表

(一)调度(1人)

(1)比赛前半个小时组织场序组志愿者就位,并开始准备3组队伍;

(2)每场比赛开始前提醒叫场志愿者通知相应队伍到准备区准备;

(3)组织协调好准备区的队伍,按照场次排队;

(4)提醒上下场引导给比赛队伍收发马甲、裁判组志愿者收发生命柱和视觉模块;

(5)根据比赛节奏及时控制叫场的时间。

(二)叫场(4人)

(1)获取赛程表,根据场序调度的安排,通知比赛队伍到准备区准备(可通过随队志愿者协助);

(2)带领队伍到准备区后引导队伍称重并到指定的候场区候场,同时向赛程调度汇报队伍到场情况。

(三)引导(4人)

(1)上场引导:

1)给候场队伍分发马甲;

2)引导比赛队伍进场。

(2)下场引导:

1)回收退场队伍马甲;

2)将马甲回送给上场引导。

二、赛程工作流程图

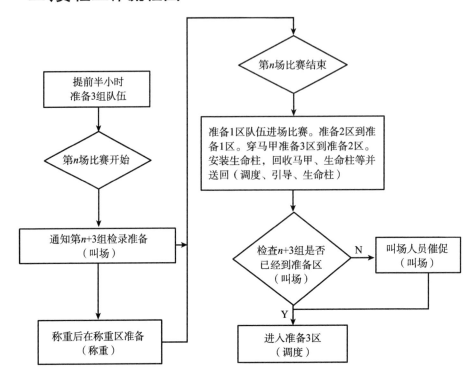

附件5.4　赛程组
志愿者工作实施细则

附件 5.5　竞赛部人员站位图

竞赛部人员站位图

1. 检录

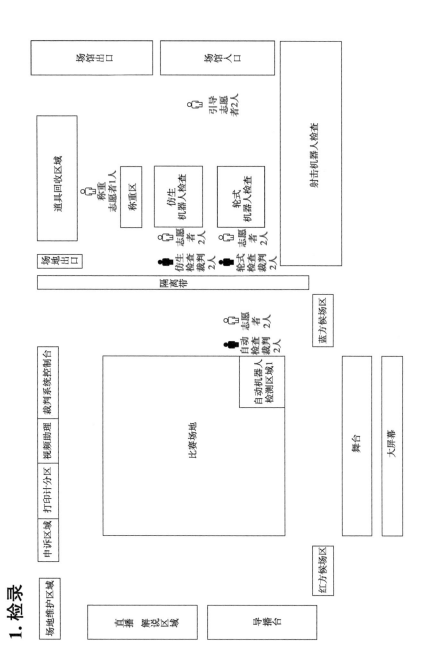

2. 比赛期间

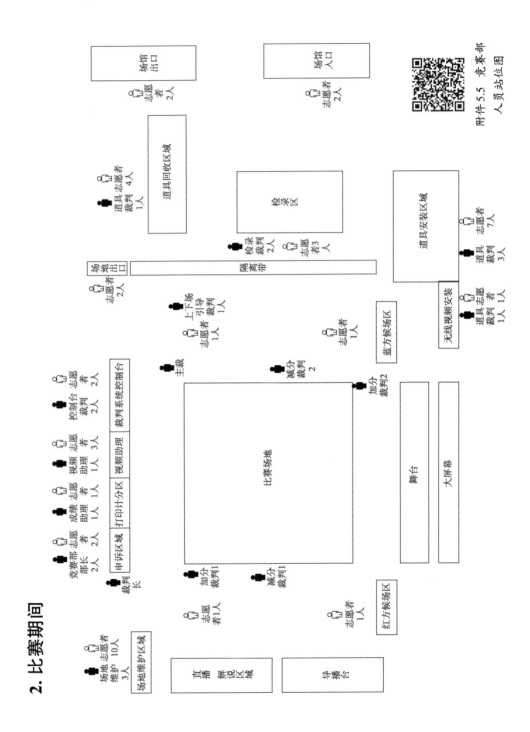

附件 5.5　竞赛部
人员站位图

附件5.6 申诉汇总表

全国大学生机器人大赛ROBOTAC线上任务赛（自动布障项目）申诉及自查情况表

序号	学校	比赛序号	申诉原因	申诉请求	申诉结果	申诉结论
1		A3	11月3日没有检查机器人高度，赛前检录发现高度超标，现场更改导致影响编程参数	申请重赛	比赛规则对机器人尺寸有明确限定，参赛队必须严格遵守	申诉不成功
2		A6	自动机器人底盘在启动区内，参赛队认为底盘和轮子放到启动区就符合规则，比赛的时候裁判规定需要把整个机器人投影放到启动区，严重影响成绩	申请重赛	各学校均要满足整车投影在启动区内的规则	申诉不成功
3		A13	组委会自查录像，发现其有零部件超出启动区		适用于申诉中裁判误判的相关解释，要求参赛队于当天赛段内进行重赛	重赛

附件5.6 申诉
汇总表

附件5.7 专家组职责及日程安排

全国大学生机器人大赛专家评审委员会职责

一、工作职责

每一届全国大学生机器人大赛(ROBOTAC赛事)均邀请5~9位机器人与自动化领域知名专家组成专家评审委员会。专家评审委员会承担的职责明确如下:

1. 赛事规则解读。从技术层面,对赛事规则进行解读,以便在赛期对参赛机器人的技术进行解析、评定。

2. 参赛机器人技术解析与评定。分析参赛机器人的赛场表现、技术的创新性和先进性,对各单项奖打分、讨论、评定,提出候选高校名单。在专家评审委员会会议上确定赛事各单项奖获奖高校、个人的最终名单。

3. 赛事现场技术点评。配合组委会的安排(根据小组赛分组,确定专家点评职责的分工),从技术层面,现场点评各参赛队机器人的技术特点,对观众进行机器人技术科普教育,增强赛事现场互动效果,提升赛事影响力。

4. 赛事裁判争议的裁定。如比赛现场参赛队对裁判结果有技术争议,应裁判长的要求,专家评审委员会可从技术角度出发,对纠纷提出裁定意见,提供给裁判长裁决。

5. 参与赛事技术交流活动。专家评审委员会参与组织ROBOTAC赛事宣讲、赛事技术培训、赛后现场技术交流等活动。

6. 对赛事技术发展方向进行论证、咨询和指导。对ROBOTAC赛事技术发展的方向、赛事组织与管理、赛事成果凝练、赛事发展规划等进行论证、咨询与指导。

7. 接受采访、出席赛事及政府相关活动。

二、奖项评定

单项奖评定流程如下:

1. 在比赛期间,专家评审委员对参赛队机器人的技术水平、场上表现、比赛成绩进行观察和评估,酝酿各单项奖的候选高校;

2. 专家评审委员独立对各单项奖的候选获奖高校、个人进行提名,依据申报汇总情况,提出推荐意见;

3. 专家评审委员会召开会议,汇总各位专家提名和推荐意见,评定赛事各单项奖获奖高校、个人的最终名单;

4.经专家评审委员会主任签字后,单项奖评审结果正式生效,向组委会出具各单项奖的获奖高校、个人名单和推荐意见,用于公布颁奖结果或新闻宣传。

三、专家组工作日程安排

时间		内容	地点	备注
××月××日 (周×)	8:00—17:00	赛事专家到会		按赛事专家行程安排,组委会安排接站/接机
	19:00—20:00	专家组会议		专家组讨论确定分工
××月××日 (周×)	8:30—9:00	开幕式		专家现场指导 专家初评赛事单项奖 专家现场技术点评
	9:00—16:30	障碍挑战赛		
	9:00—16:30	移动射击赛		
	18:00—19:30	仿生竞速赛		
××月××日 (周×)	9:00—12:30	小组循环赛		
	14:00—15:30	小组循环赛		
	16:50—17:50	复赛16进8 (八分之一决赛)		
	19:00—20:00	专家组会议		专家组讨论确定赛事单项奖
××月××日 (周×)	9:00—9:30	复赛8进4 (四分之一决赛)		专家赛事颁奖 专家技术交流点评
	9:40—9:55	半决赛		
	10:10—10:30	决赛		
	10:30—11:30	颁奖、闭幕式		
	14:30—15:30	技术交流		

注:专家组工作日程安排根据每届次赛事安排,根据上表内容格式进行细化确定,同时附上赛事日程安排作为参考。

附件5.7 专家组
职责及日程安排

附件5.8 奖项设置及评选要求

全国大学生机器人大赛ROBOTAC奖项设置及评选要求

1. 奖项设置

奖项	数量	备注
冠、亚、季军	1、1、2	三、四名并列季军
一等奖	8	8强
二等奖	8	9~16强
三等奖	若干	通过中期检查,且在比赛现场经组委会评定达到参赛要求的参赛队伍,或按赛事要求比例
最佳策略奖	1	专家组赛期评审,针对比赛战术策略
最佳创意奖	2	专家组赛期评审,针对仿生机器人、攻击机构创新设计
最佳工业设计奖	2	申评,提交机器人外观设计图、照片及设计亮点说明
最佳技术奖	3	申评,提交技术文档,详细介绍关键技术
优秀指导教师奖	按比例	申评,提交申请资料及提名,按约10%比例评定
优秀组织奖	按比例	申评,提交申请资料及提名,按约10%比例评定
最佳人气奖	1~2	网络投票人气,奖品
障碍挑战赛	按比例	冠、亚、季军,一、二、三等奖
仿生竞速赛	按比例	冠、亚、季军,一、二、三等奖
移动射击赛	按比例	冠、亚、季军,一、二、三等奖

注:

(1)获奖证书:

根据报名系统提交(教师+学生)人数制作发放。

(2)评奖范围:

为鼓励创新,单项奖优先授予具有原始创新设计的参赛队。

比赛期间未完整参加赛事活动(领队会、指导教师交流会、赛后技术交流、赛后参观交流)的参赛队,不能参评任何单项奖。

(3)技术交流:

冠、亚、季军队需参加赛后现场技术交流活动。冠、亚、季军队机器人在比赛结束后不得离开比赛场馆,需参加技术交流活动,未出席者不再发放奖金/奖品。

2. 申评奖项说明

(1)最佳工业设计奖

评审办法：

申请学校需提交机器人设计图（SolidWorks 或 ProE 文件，请将相关零部件一并发送，文件无法打开者不予评奖）、效果图（jpg）3 张、照片 3 张、设计亮点说明文档 1 份（篇幅不限）。

(2)最佳技术奖

评审办法：

1)候选学校在全国总决赛队伍中产生；

2)最佳技术奖包括机械、电路硬件、软件算法三个方向；

3)申请学校需提交 5 分钟有声答辩 PPT，针对其申报方向进行技术汇报；

4)申请学校在提交答辩 PPT 时，同时提交一名答辩人手机号码（须是参赛队员），确保在组委会通知的时间段保持电话畅通，以完成评审组电话问辩；

5)赛事专家可根据参赛队赛场表现，提名最佳技术奖候选参赛队；

6)评审组将根据申请学校答辩情况，结合比赛成绩和赛场表现，遴选出本届大赛的三支最佳技术奖参赛队。

(3)优秀指导教师奖

评审办法：

1)持续指导参赛时间较长；

2)积极参加组委会组织活动（包括非比赛期间）；

3)填报参赛信息（报名、中期、比赛）及时准确；

4)参赛队宣传工作突出：公众号、投稿；

5)参赛队获得企业赞助支持；

6)参赛队成绩提高显著；

7)指导新参赛校成功参赛；

8)赛事专家可提名优秀指导教师候选人。

(4)优秀组织奖

评审办法：

1)克服困难顺利参赛；

2)参赛团队获得学校较大支持；

3）积极参加组委会组织活动（包括非比赛期间）；

4）积极组织校内比赛、培训、交流展示等活动；

5）参赛队宣传工作突出：公众号、投稿；

6）学生裁判执裁工作表现优秀；

7）赛事专家可提名优秀组织奖候选参赛队。

以上申评的各奖项，参赛校需提交申请资料至邮箱：××××@126.com，文件命名为"奖项名称+校名"。其中，最佳工业设计奖、最佳技术奖的申报截止日期为：××月××日18:00；优秀指导教师奖、优秀组织奖的申报截止日期为：××月××日18:00。

全国大学生机器人大赛ROBOTAC组委会

××××年××月××日

附件5.8　奖项设置
及评选要求

附件5.9　单项奖评选专家记录表

全国大学生机器人大赛ROBOTAC ××××年单项奖评选记录表

专家姓名：_____

推荐/评审奖项	
提名院校名称/候选人姓名	
推荐/评审意见	

推荐/评审奖项	
提名院校名称/候选人姓名	
推荐/评审意见	

注：本页表格仅供ROBOTAC ××××年专家评审赛事单项奖记录使用。

附件5.9　单项奖
评选专家记录表

附件5.10 裁判工作实施细则

××××年ROBOTAC裁判工作实施细则

1.赛前检查

(1)检查标准

检查内容	具 体 事 项	备注
重量	所有上场机器人(最多1台自动+5台手动)总重量不得超过60 kg(总重包括能源和机器人所有部件:生命柱底座、自行安装的图像传输模块等,不包括遥控器、备份电池和备件)	电子秤记录表
尺寸	手动机器人开始前/开始后尺寸不超过600 mm×600 mm×750 mm	尺寸框架
	自动机器人完全展开尺寸不超过600 mm×600 mm×500 mm(高)	
	机器人所有机构全部展开时超尺寸,但是在比赛中不会同时展开,当不同时展开时不超尺寸,此情况是允许的(FAQ5.14)	
生命柱	生命柱底座需安装在机器人车体后沿和左右沿中心,且边沿对齐(生命柱外沿在车体最外侧),保证生命柱底座离地面高度为60~160 mm	重要检查
	底座需与机器人本体刚性连接(不得有任何减震缓冲),参赛队不得对底座做任何形式的改动	
	需便于换场拆装,不得使用胶粘方式固定生命柱插头	
	电池通过生命柱后再给系统供电,不得单独供电、不得改动或遮挡生命柱供电方式(即只通过生命柱输出端给机器人供电)	
	攻击机构、车轮或其他执行机构不得进入己方机器人生命柱上下沿及延长线范围区域(即不得对生命柱进行任何形式的遮挡)	
设计雷同	同一参赛队的上场手动机器人的移动行走方式,轮式/履带式最多3台	重要检查
	不同参赛队的机器人不得雷同	重要检查记录
无线视频模块	1台手动机器人提供一支撑平面,可稳定支撑视频发射模块,使用魔术贴固定	视频发射模块、裁判粘魔术贴
加血包	手动仿生机器人可携带加血包,需要提供一支撑平面,可稳定支撑加血包,使用魔术贴固定	加血包、裁判粘魔术贴

检查内容	具体事项	备注
安全	自动、手动仿生机器人电池标称电压低于24 VDC	万用表
	轮式/履带式、异型足机器人电池标称电压低于12 VDC	
	储气瓶压力低于0.8 MPa，容积小于5 L，气瓶必须有保护罩	气源检查
	不允许使用组委会认为危险和不适当的能源	
	攻击机构在比赛过程中不得与机器人主动分离，不允许有危险动作	重要检查
	炮弹的射程（第一落点）不得超过10米	水平地面测
自动机器人	在没有手动机器人和遥控器的情况下，自动机器人必须展示全部动作，比赛中任何新增的动作将被视为存在手动机器人与自动机器人之间的通信	合格标签

合格的机器人贴上**合格标签**，没有合格标签的机器人不允许上场比赛。

(2)机器人类别

类型	运动形式
轮式/履带式 （最多3台）	1. 包括直轮、全向轮、麦克纳姆轮、舵轮等形式； 2. 混合运动形式只认定其中一种； 3. 轮子大小不同不算移动方式不同(FAQ4.2)
异型足式	落足点离散，但不属于仿生机器人的形式 （例如：多组曲柄摇杆、连续旋转运动等）
仿生	1. 双足、四足、六足、八足、其他类型； 2. 仿生机器人能够在运动形态上与现实中某种生物对应(FAQ5.28)

不允许使用空中飞行机器人。

2. 得分确认

对抗赛：5G新时代

得分动作	得分值
机器人有效攻击对方信号塔	得1分
在对方信号塔基座或信号塔顶部，每成功放置1个干扰器（以比赛结束时状态为准，中途掉落的干扰器加分消除）	得5分
在对方信号塔的基座和顶部都放置至少一个干扰器（宣布速胜时），该方立即取得比赛胜利	得50分

说明：如出现一方弃赛，则判另一方取得速胜；如双方场上机器人都无有效动作，裁判可以判比赛立即结束。

任务赛1：速胜挑战赛（线上）

得分动作	得分值
获取高低平台上的两个干扰器	每获取1个得10分，共20分
机器人携带干扰器登上高地	每携带1个得10分，共20分
机器人将干扰器放入信号塔顶部	每放置1个得30分，共60分
比赛用时：比赛开始到结束的用时时长	比赛用时

任务赛比赛排名（以下同）：比赛以任务分从高到低进行排名。当任务分相同时，比赛用时短者排名靠前；当比赛用时相同时，则机器人重量较轻者排名靠前。

任务赛2：障碍挑战赛

得分动作	得分值
自动机器人按照①②③④顺序有效布置横杆	每1根得10分，共40分
手动机器人成功清除根横杆	每清除1根得10分，共40分
比赛用时：比赛开始到结束的用时时长	比赛用时

任务赛3：多点射击赛（线上）

得分动作	得分值
射击机器人直接击中信号塔	一次得10分，共100分
比赛用时：比赛开始到结束的用时时长	比赛用时

任务赛4：仿生机器人竞速赛（线下）

得分动作	得分值
一方机器人率先登上对方高地	比赛胜利

说明：比赛时间内未有队伍速胜则以距离对方高地信号塔的距离判断胜负，距离近者获胜。若距离一致，则按出场机器人重量判决，重量轻的一方获胜。

3. 犯规判罚(短哨2次,喊话提醒)

犯规行为	处罚	判罚依据
比赛开始后10秒未完成启动,仍接触机器人	犯规,1次扣1分,判罚可累计	规则
机器人启动后,操作手接触机器人(不含装炮弹)		
比赛开始后,操作手离开操作区(不含装炮弹)		
比赛期间有不文明语言、不文明行为		补充
机器人第一次抢跑	警告	
机器人第二次抢跑	将该机器人罚下(移出场外1米远),未按裁判要求停止运动的,1次扣10分,判罚可累计	规则
比赛中运动到(无论主动或被动)比赛场地围栏外(机器人部件接触到场地围栏外地面),以及非仿生机器人进入仿生机器人保护区(机器人的任何部件进入保护区及其上方)时		
故意损坏比赛场地、道具		
机器人发射炮弹,在比赛现场射程超过10米		
比赛中出现故障造成机器人全部展开超出尺寸		FAQ5.14
电池未通过生命柱直接给手动机器人供电或存在其他改动生命柱供电方式的行为	裁判有权即刻终止比赛,违规队伍本场比赛得分大于0分时,记为0分,且判对方取得胜利	规则
组委会确认比赛中使用同其他队雷同的机器人		
机器人做出危险动作,危及场上操作手或裁判、观众安全		
不听从裁判指挥、不服从裁判判决		
做出任何有悖公平竞争精神的行为		
机器人故障或失控	有权让操作手将机器人拿出场地,不得重试	规则

4. 裁判工作流程

裁判	工 作 内 容
主裁	1. 上一场参赛队离场； 2. 本场参赛队入场，摆放到场边，询问双方是否准备好(举手示意)； 3. 一分钟倒计时(主裁提醒，大屏幕显示时间)； 4. 允许参赛队进入操作区； 5. 秒表计时(以裁判系统为准，手计时做备份，吹哨备份)； 6. 判断是否抢跑，如有抢跑，需吹停比赛，重新开始； 7. 比赛期间主要观察双方机器人有无违规操作(生命柱灭后，机构是否继续运动)； 8. 比赛结束，提示操作手不要进入现场，裁判入场核查，汇总分数，与计分裁判核对分数，确认当场比赛成绩； 9. 受理申诉，如有道具问题、误判，安排进行重赛
加分副裁	1. 一分钟准备期间，测试信号塔是否正常工作； 2. 比赛开始后，紧盯信号塔，如若被击中或被放置干扰器、实现速胜，第一时间举旗并吹哨； 3. 比赛结束后，入场核对信号塔放置干扰器情况，并汇总给主裁
减分副裁	1. 一分钟准备期间提醒本方队员注意事项，1分钟结束后，敦促队员离场； 2. 比赛开始后，及时介入犯规行为，举旗并吹哨，比赛期间道具出现问题时申请重赛； 3. 比赛结束后，阻拦队员进场触碰机器人，分数核算完毕后，提醒队员带机器人离开

5. 比赛流程

比赛阶段	裁 判 职 责
赛前	确认检查机器人类型数量、人员数量
一分钟准备	检验信号塔是否正常感应，手动机器人不得运行出启动区
双方准备好示意，主裁说明开始倒计时	裁判系统倒计时吹哨，比赛开始
机器人攻击对方堡垒	加分副裁判:举旗吹哨(+1分)
干扰器得分	加分副裁判:举旗5分手势并吹哨(+5分)
速胜	主裁:在对方信号塔的基座和顶部都放置至少一个干扰器(宣布速胜时)，该方立即取得比赛胜利。举旗断续长哨声(速胜)

续表

比赛阶段	裁 判 职 责
比赛结束	检查:放置在信号塔基座和顶部的干扰器数量,每存在一个加5分,两处同时存在则为速胜,记50分
复赛出现平局	加时2分钟双方各选一台场上存活机器人(不得进行更换电池、加气等操作),先对对方堡垒实现一次有效攻击的一方获胜。如2分钟后两队均未实现有效攻击,则此时机器人距离对方堡垒最近的一方获胜。如果仍为平局,则按出场机器人重量判决,重量轻的一方获胜

6. 申诉流程

(1)申诉期:小组赛/任务赛在赛后第2场比赛结束前,淘汰赛在赛后第1场比赛结束前。

(2)受理方式:填写申诉表(附件),根据申诉表要求,到申诉席提出申诉。

(3)结果处理:

1)误判:因为裁判误判或道具问题影响比赛结果的,判定重赛,比赛双方当场成绩判为无效;

2)计分错误:经核实后,更正计分及比赛结果;

3)严重违规:严重违规队伍当场比赛结果判负,得分清零;

4)虚假申诉:申诉描述或证据与实际情况不符,对获得奖项予以降级或取消。

附件:全国大学生机器人大赛ROBOTAC比赛申诉表

学校	
联系人	手机
对阵学校	
申诉原因	□误判　　□计分错误　　□举报严重违规　　□其他原因
事实描述	
证据支持	
申诉请求	
申诉人签字	本人代表我校参赛队提出本次申诉请求,我承诺所进行的事实描述和证据支持真实,不存在弄虚作假行为,并为本承诺及申诉结果负责。 　　　　　　　　　　　　　　　　　申诉学校代表签字: 　　　　　　　　　　　　　　　　　日期:

说明:

(1)申诉期:小组赛/任务赛在赛后第2场比赛结束前,淘汰赛在赛后第1场比赛结束前。

(2)受理方式:填写申诉表,到申诉席提出申诉。

(3)每校申诉代表不超过3人,在申诉期内提出的申诉方可被受理。

附件5.10　裁判工作

实施细则

附件5.11　裁判培训及考核

规 则 测 评

一、填空题

1. 比赛过程中可以有__台手动车型机器人,其总重量不得超过__kg(含__、_____、__)。

2. 手动仿生机器人对数量___(有/没有)要求,总重量不得超过___kg。

3. 上场车辆总重量(包括___、_____、_____)不得超过___kg。

4. 手动车型机器人开始前尺寸不超过_____。

5. 手动车型机器人开始后尺寸不超过_____。

6. 手动仿生机器人完全展开尺寸不超过 _____。

7. 自动机器人完全展开尺寸不超过长___宽___高___,且必须同时放置在出发区内。

8. 生命柱底座需安装在_____和_____,且边沿对齐(生命柱外沿在车体最外侧),保证生命柱底座离地面高度为_____。

9. 底座需与机器人本体_____(不得有任何_____),参赛队不得对底座做任何形式的改动。

10. 为便于换场拆装,不得使用_____固定生命柱插头。

11. 电池通过_____后再给系统供电,不得单独供电、不得改动或遮挡供电方式(即只通过_____输出端给机器人供电)。

12. 攻击机构、车轮或其他执行机构不得进入己方机器人_____上下沿及延长线范围区域(即不得对_____进行任何形式的遮挡)。

13. 手动机器人电池标称电压__VDC。

14. 自动机器人电池标称电压__VDC。

15. 储气瓶压力低于_____,容积小于__L,气瓶必须有_____。

16. 攻击机构在比赛过程中不得与机器人_____,不允许有危险动作。

17. 炮弹的射程为(第一落点不得超过)___米。

18. 在没有_____和_____的情况下,自动机器人必须展示_____,比赛中任何新增的动作将被视为存在_____与_____之间的通信。

19. 速胜条件:当一方_____机器人拔掉对方_____,该方立即取得比赛胜利,得分记_____分。

20. 比赛开始时,双方各有____个加血包放置在加血区。每个加血包有____格生命值,随机放置在加血区,_____(可以/不可以)自由移动。加血包需要被____(谁)激活才具有加血功能。

21. 当己方手动车型机器人与己方被激活的加血包距离小于500 mm时,每保持5秒加_____格血,加满为止。"阵亡"机器人亦可被加血包"_____"。

22. 减血模块外形尺寸80 mm(长)×50 mm(宽)×30 mm(高)可安装在其中1台_____机器人上(无遮挡),当对方手动车型机器人与其距离小于____mm且保持_____秒时,可使对方手动车型机器人减血_____格。

23. 比赛时间为_____分钟,所以比赛过程中炮弹或机器人对堡垒的有效攻击不会超过_____次。

二、判罚分类题(选中相应处罚的犯规行为编号填入表格)

犯规行为:

1. 机器人启动后,操作手接触机器人

2. 机器人第一次抢跑

3. 故意损坏比赛场地、道具

4. 改动生命柱供电方式

5. 机器人第二次抢跑

6. 操作手离开操作区

7. 做出任何有悖公平竞争精神的行为

8. 机器人失控

9. 机器人做出危险动作,危及场上操作手或裁判、观众安全

10. 比赛期间有不文明语言、不文明行为

11. 比赛中运行出场地(机器人部件接触到场地围栏外地面)

12. 不听从裁判指挥、不服从裁判判决

犯规行为	处　罚
	犯规,1次扣1分,判罚可累计
	警告
	将该机器人罚下(移出场外1米远),未按裁判要求停止运动的,1次扣10分,判罚可累计
	裁判有权即刻终止比赛,违规队伍本场比赛得分大于0分时,记为0分,且判对方取得胜利
	有权让操作手将机器人拿出场地

三、计算题

某场比赛甲队共击毁乙队2辆机器人,其中手动车型机器人1辆,手动仿生机器人1辆,甲队炮车发射炮弹7发,有效击打堡垒3发,甲队拔掉乙方堡垒上旗帜,队伍甲共计获得多少分？甲队被击毁机器人2辆,其中手动车2辆,被有效击打堡垒17次,比赛结果判定为:

甲队得分:

乙队得分:

获 胜 方:

判断依据:

规则测评答案

一、填空题

1. 比赛过程中可以有 3 台手动车型机器人,其总重量不得超过 27 kg(含电池、生命柱底座、灯条)。

2. 手动仿生机器人对数量没有要求,总重量不得超过 15 kg。

3. 上场车辆总重量(包括自动、手动车型、手动仿生)不得超过 50 kg。

4. 手动车型机器人开始前尺寸不超过 600 mm×600 mm×600 mm。

5. 手动车型机器人开始后尺寸不超过 600 mm×600 mm×1200 mm。

6. 手动仿生机器人完全展开尺寸不超过 600 mm×600 mm×600 mm。

7. 自动机器人完全展开尺寸不超过长 600 mm,宽 600 mm,高 300 mm,且必须同时全部放置在出发区内。

8. 生命柱底座需安装在机器人车体后沿和左右沿中心,且边沿对齐(生命柱外沿在车体最外侧),保证生命柱底座离地面高度为 100~160 mm。

9. 底座需与机器人本体刚性连接(不得有任何减震缓冲),参赛队不得对底座做任何形式的改动。

10. 为便于换场拆装,不得使用胶粘方式固定生命柱插头。

11. 电池通过生命柱后再给系统供电,不得单独供电、不得改动或遮挡生命柱供电方式(即只通过生命柱输出端给机器人供电)。

12. 攻击机构、车轮或其他执行机构不得进入己方机器人生命柱上下沿及延长线范围区域(即不得对生命柱进行任何形式的遮挡)。

13. 手动机器人电池标称电压 12VDC。

14. 自动机器人电池标称电压 24VDC。

15. 储气瓶压力低于 0.8 MPa,容积小于 5 L,气瓶必须有保护罩。

16. 攻击机构在比赛过程中不得与机器人主动分离,不允许有危险动作。

17. 炮弹的射程为(第一落点不得超过)10 米。

18. 在没有手动机器人和遥控器的情况下,自动机器人必须展示全部动作,比赛中任何新增的动作将被视为存在手动机器人与自动机器人之间的通信。

19. 速胜条件:当一方车型机器人拔掉对方 军旗 ,该方立即取得比赛胜利,得分记 30 分。

20. 比赛开始时,双方各有 __3__ 个加血包放置在加血区。每个加血包有 __2__ 格生命值,随机放置在加血区,__可以__ 自由移动。加血包需要被 __减血模块__ 激活才具有加血功能。

21. 当己方手动车型机器人与己方被激活的加血包距离小于500mm时,每保持5秒加 __1__ 格血,加满为止。"阵亡"机器人亦可被加血包"__复活__"。

22. 减血模块外形尺寸80 mm(长)×50 mm(宽)×30 mm(高)可安装在其中1台 __自动__ 机器人上(无遮挡),当对方手动车型机器人与其距离小于 __500__ mm且保持 __3__ 秒时,可使对方手动车型机器人减血 __2__ 格。

23. 比赛时间为 __3__ 分钟,所以比赛过程中炮弹或机器人对堡垒的有效攻击不超过 __18__ 次。

二、判罚分类题

犯 规 行 为	处 罚
机器人启动后,操作手接触机器人	犯规,1次扣1分,判罚可累计
操作手离开操作区	
比赛期间有不文明语言、不文明行为	
机器人第一次抢跑	警告
机器人第二次抢跑	将该机器人罚下(移出场外1米远),未按裁判要求停止运动的,1次扣10分,判罚可累计
比赛中运行出场地(机器人部件接触到场地围栏外地面)	
故意损坏比赛场地、道具	
改动生命柱供电方式	裁判有权即刻终止比赛,违规队伍本场比赛得分大于0分时,记为0分,且判对方取得胜利
机器人做出危险动作,危及场上操作手或裁判、观众安全	
不听从裁判指挥、不服从裁判判决	
做出任何有悖公平竞争精神的行为	
机器人失控	有权让操作手将机器人拿出场地

三、计算题

甲队得分:30分(速胜直接记30分)。

乙队得分:3 × 2 + 17 = 23分。

获胜方:甲方。

判断依据:甲队拔掉乙队堡垒上旗帜,触发速胜条件。

附件5.11 裁判培训及考核

附件5.12　比赛场地制作手册

20××全国大学生机器人大赛ROBOTAC
场地制作手册

×××××年××月

ROBOTAC研发基地

目　录

1 场地尺寸

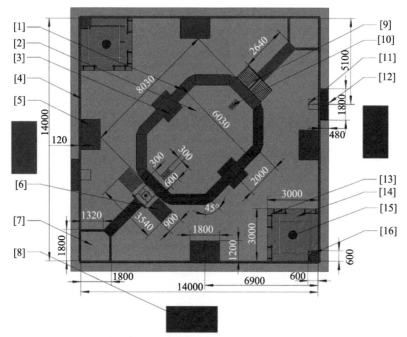

[1] 环形山　　[5] 手动机器人启动区　　[9] 流利条通道　　[13] 障碍桩
[2] 峡谷区　　[6] 摆锤通道　　　　　　[10] 高低平台　　　[14] 高地
[3] 二级阶梯　[7] 仿生机器人保护区　　[11] 补弹区　　　　[15] 信号塔
[4] 围栏　　　[8] 红方操作区　　　　　[12] 补弹操作区　　[16] 自动机器人启动区

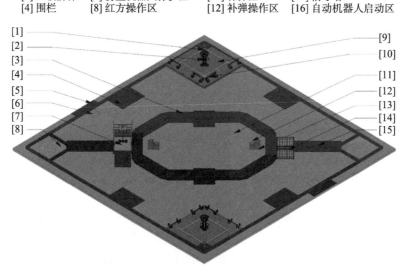

[1] 自动机器人启动区　　[5] 补弹操作区　　　　[9] 高地　　　　[13] 高低平台
[2] 信号塔　　　　　　　[6] 补弹区　　　　　　[10] 障碍桩　　　[14] 流利条通道
[3] 环形山　　　　　　　[7] 摆锤通道　　　　　[11] 峡谷区　　　[15] 隔离栏
[4] 手动机器人启动区　　[8] 仿生机器人保护区　[12] 干扰器

2 铺设流程

铺设用时大约3.5小时,需要铺设人员5名,研发基地进行指导铺设。

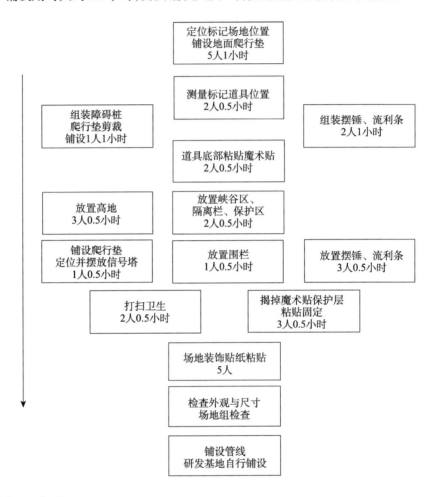

3 铺设步骤

(1)铺地面

地面由676张爬行垫组成,其中咖色626片、红色15片、黄色20片、蓝色15片,爬行垫尺寸为600 mm×600 mm×15 mm,配图中每个格子代表一片爬行垫。

地面先铺出横向和竖向各26个爬行垫,然后逐行逐列进行铺设(最外层的一圈咖色爬行垫是为了放置围栏,内部的24×24个爬行垫是比赛场地)。

常见问题:分块铺设的爬行垫拼接在一起容易出现拼接起皱或断开拼不起来的情况,所以一定要逐行逐列地铺。

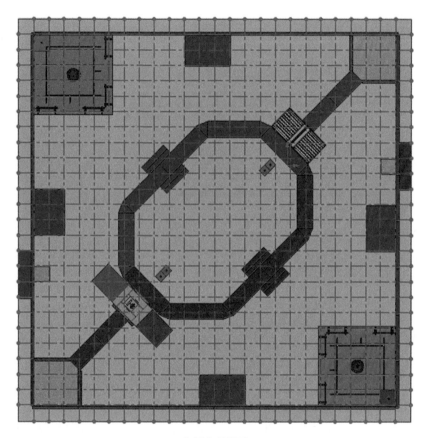

步骤(1)配图

(2)铺两个高地

1)【高地板】用木板拼接尺寸为2650 mm×2650 mm×120 mm高地木板。

2)【障碍桩】在高地板外侧拼接障碍桩,障碍桩距离高地板有20 mm间隔,将拼接好的障碍架的底部用双面胶与地面爬行垫粘住。

3)【爬行垫】在高地板和障碍桩上面铺1层爬行垫(600 mm×600 mm×15 mm),表面层出发区为1片红色或蓝色爬行垫,其余均为绿色爬行垫,每个高地中绿色爬行垫24片,红色或蓝色爬行垫1片。

4)【四边形白线】用宽为30 mm的PVC胶带贴出四边形,在高地中央贴边长为1800 mm的四边形白线,参见步骤(2)配图,利用440 mm+400 mm进行定位,注意要贴得美观。

5)【堡垒】堡垒位于高地正中心,底部用魔术贴与高地固定。

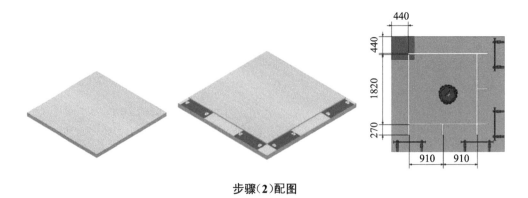

步骤(2)配图

(3)隔离栏

场地中有红蓝两组隔离栏,参见步骤(3)配图,每组中一个隔离栏两角与最外一圈爬行垫内边缘距离为1320 mm,隔离栏中心线与场地对角线重合,用魔术贴与地面粘合。

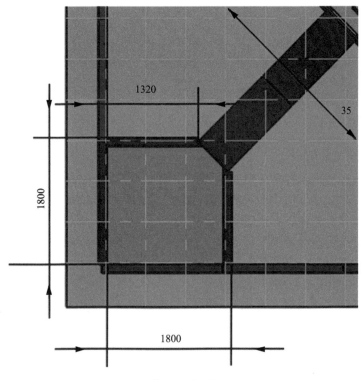

步骤(3)配图

(4)摆锤区

摆锤区长3540 mm,宽900 mm,由斜坡、平坡和摆锤组成,两端红蓝斜坡长1120 mm,宽900 mm,高300 mm,与地面成15°,两斜坡中间绿色平坡,宽900 mm,长1300 mm。摆锤在红色机器人仿生区一侧,并紧挨隔离栏的边缘放置,两侧的斜坡以比赛场地的对角线对称,斜坡及平坡用魔术贴与地面粘合。

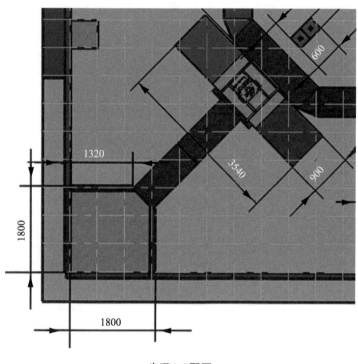

步骤(4)配图

(5)峡谷区

峡谷区由环形山和峡谷组成,位于场地正中心。环形山由10个2000 mm×600 mm×300 mm的长方体和8个边长600 mm、顶角45°、高度300 mm的三棱柱组成,环形山围成了峡谷。

先放置平行与场地边缘长方体2000 mm×600 mm×300 mm来定位,从左下角开始按照尺寸安装,蓝色长方块左侧距离场地边缘3848 mm,左下角红色长方块与摆锤贴合,将红长方体边同理按照尺寸放置,再按照配图摆放其余长方体及三棱柱。长方体及三棱柱用魔术贴与地面粘合,在峡谷中按照尺寸安装高低平台,完成环峡谷区搭建。

环形山两侧摆放4块600 mm×200 mm×150 mm的阶梯,用魔术贴与地面粘合。

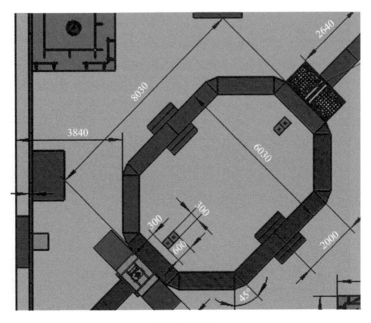

步骤(5)配图

(6)流利条

流利条障碍区长2000 mm,宽1000 mm,在摆锤区对角线另一侧,并紧挨环形山蓝色长方体的边缘放置,放置在场地的对角线上,再将剩余隔离栏补充,用双面胶与地面粘合。

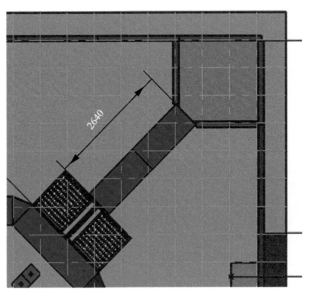

步骤(6)配图

(7)围栏

参见步骤(7)配图,利用最外层爬行垫内圈进行定位,保证四个角的围栏与爬行垫重合,用魔术贴与地面固定。

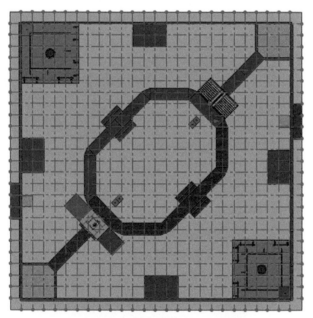

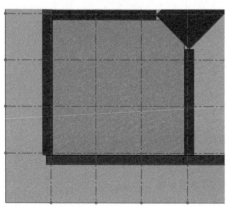

步骤(7)配图

附件 5.12 比赛场地
制作手册

6 总 务 部

 ## 6.1 总务部部长

6.1.1 工作目标

及时制作邀请函,高效有序完成各项接待工作,各方评价良好。

6.1.2 岗位职责

(1)制作比赛邀请函。
(2)统计所有人员(工作人员、专家、嘉宾等)基本信息和行程信息。
(3)嘉宾分组,特邀嘉宾的每日用餐安排。
(4)确认出席领导及嘉宾名单。

6.1.3 信息沟通

沟通部门	沟通内容	说 明
总指挥	分发报名链接	工作人员、特邀嘉宾
专家组组长	转发报名链接	专家组
其他相关人员	特邀嘉宾报名链接	邀请相应嘉宾填写信息,提醒可修改补充强调每个人(随行人员)都要填信息
总务部各组长	提取所需信息	查询刷新,权限共享
活动部	提供嘉宾名单、确认嘉宾需要参加的活动	监督制作桌签、协助嘉宾座位安排

6.1.4　支撑附件

附件6.1　邀请函

附件6.2　总务部信息总表

6.2　车辆组

6.2.1　工作目标

及时、高效、经济地安排接送站、通勤车辆。

6.2.2　岗位职责

（1）车辆需求信息统计，实际用车信息记录。

（2）领导、专家、嘉宾、工作人员的接送站安排，通知到个人。

（3）比赛期间比赛场馆和酒店之间的通勤车安排。

6.2.3　信息沟通

沟通部门	沟通内容	说　明
各部长、组长	同步信息、催促填写	确认到站人数、时间、地点
执委会	司机微信群	同步接送站信息、完善司机信息表

6.2.4　支撑附件

附件6.3　车辆及接送站信息表

6.3　后勤组

6.3.1　工作目标

（1）住宿安排合理，有弹性保障。

（2）餐饮安排合理、方便、经济、卫生。

6.3.2 岗位职责

(1)调研比赛场馆周边的餐饮和住宿信息。

(2)做好后勤保障工作,保证工作人员的食住行。

(3)在酒店设置服务台,发放对应人员的赛事资料袋。

注意:统一安排工作组、裁判组餐饮。协助接待组,灵活安排嘉宾、专家餐饮。根据信息总表,安排各类人员住宿,预留弹性房间。安排每日吃饭通勤车辆、返回酒店通勤车,通知各部门负责人发车时间、乘车地点。各类人员到达酒店后,发放其所属资料袋。

6.3.3 信息沟通

沟通部门	沟通内容	说　明
各部长、组长	提前6小时统计用餐人数、地点	桌餐或盒饭
物资组	专家、裁判、特邀嘉宾资料袋	放酒店前台,入住时发放
执委会(酒店)	预留弹性备用房间	填写住宿信息表提供给酒店
工作组、裁判组、专家组、接待组	协调每日通勤车时间段、地点、车号、司机电话	

 ## 6.4　接待组

6.4.1 工作目标

相关人员体验满意,嘉宾重要信息反馈。

6.4.2 岗位职责

(1)重要嘉宾的接待及陪同。

(2)嘉宾的反馈意见收集。

6.4.3　信息沟通

沟通部门	沟通内容	说　明
嘉宾邀请人	分发、填写邀请链接	强调每个人(随行人员)都要填信息;收集信息,不全信息督促补充
执委会	重要领导到会时间	
后勤组	饭店选择权限、嘉宾桌餐安排、嘉宾住宿确认、通勤车时间安排	就餐通勤车,临时机动车(网约车)

6.5　公关组

6.5.1　工作目标

回报满意,超出预期,赛场商业氛围把握。

6.5.2　岗位职责

(1)赞助商回报方案的执行,赞助商到场工作人员的接洽。
(2)撰写赛事赞助情况报告。
(3)收集赞助商对大赛的反馈信息。

6.5.3　信息沟通

沟通部门	沟通内容	说　明
场馆组	赞助商展区位置划分	统计各类信息、物资
设计组	赞助商相关画面制作	Logo,公司名称(二次确认)
活动部	赞助商嵌入的回报	相关回报要求对接
宣传部	赞助商回报协调	公众号,Logo
物资组	展区物资支持	
接待组	对接需要接待的重要人员信息	吃住行

附件6.1　邀请函

××××年ROBOTAC机器人竞赛邀请函

尊敬的×××：

您好！

××××年全国大学生机器人大赛ROBOTAC赛事将于××××年××月××日—××月××日在××省××市举行。

ROBOTAC（Robot +Tactic）是中国原创的国家级机器人竞技赛事。赛事融合了体育竞赛的趣味性和科技竞赛的技术性，比赛以机器人设计制作为基础，参赛双方多台机器人各自组成战队，以对抗竞技形式进行比赛。

赛事宗旨在于引导学生进行任务分析、创意提出、方案设计、制作加工、程序编写、装配调试、模拟练习、对抗竞技等机器人开发应用的完整流程，从而激发学生的创造力和想象力、增强学生的实践能力和心理素质、培养团队合作精神。届时××××相关领导将出席赛事。具体日程安排请见附件。

大赛组委会诚邀您作为本次大赛活动的嘉宾莅临观摩指导，诚盼您拨冗赴会。

根据比赛日程，邀请您出席××月××日的决赛及闭幕式。请您在××月××日之前扫描下方二维码填写行程回执信息，以便安排接送站及住宿等接待服务。

联系人：×××，010-8237××××，185××××××××

二维码

全国大学生机器人大赛ROBOTAC组委会

××××年××月××日

附件6.1　邀请函

附件6.2 总务部信息总表

职务	手机号	性别	到达日期	到达时间	是否需要接送站	到达车次/航班/自驾	到达站点	返程日期	返程车次/航班/自驾	返程车次/航班时间	返程站点	房间类型	备注	邀请人	提交状态	备注说明	提交时间	更新时间

说明：若有同行人员，需提醒同行人员也要填写。

附件6.2 总务部
信息总表

附件6.3　车辆及接送站信息表

序号	司机姓名	电话	车牌号	车型(几座)	微信号	属性
						接送站/通勤车/机动/网约车

附件 6.3　车辆及
接送站信息表

7 导　演　部

 ## 7.1　工作目标

比赛期间,保证将赛场的视频及时稳定地上传到直播平台,并保存回放视频。

 ## 7.2　岗位职责

(1)赛前确定直播渠道和直播的外包团队,提出物资设备需求,并与物资组做好对接工作。

(2)要求直播界面对接裁判系统和字幕系统,并做好对接工作。

(3)比赛现场网络搭建,直播软硬件设施的架设和调试,直播期间的技术支持。

(4)比赛前对导播团队和摄像团队的培训及沟通,比赛期间协助导播工作的执行。

(5)比赛场地的灯光舞美效果设计、对现场DJ/VJ提出要求并沟通重要节点,做好比赛氛围营造的相关工作。

(6)直播间设计与实施搭建,直播间活动设计方案与效果评价。

(7)赛事解说员的培训及选拔,工作内容确认,直播资料的整理和准备。

 ## 7.3　信息沟通

对外:承办方宣传部、团委宣传部、电视台、第三方拍摄导播公司、执委会场地方。

对内:竞赛部、物资组、活动组、场地组、设计组。

7.4 支撑附件

附件 7.1　直播准备资料

附件 7.2　直播设备物资清单

附件 7.3　直播画面要求

附件 7.4　直播组信息沟通流程

附件 7.5　直播网络搭建

附件 7.6　机位、导播及现场收音

附件 7.7　场地灯光布置

附件 7.8　DJ、VJ控制

附件 7.9　比赛解说培训

附件 7.10　直播间管理

附件**7.1** 直播准备资料

直播准备资料

1. 直播渠道确认单

平台	哔哩哔哩	视频号	抖音
账号			
密码			
直播模式(推流、拉流)			
直播地址			
是否提供官方推广			
联系人			
备注			

2. 直播内容基本信息

项目	备注	样例
直播标题	用于提交到直播平台	全国大学生机器人大赛ROBOTAC
直播介绍	用于提交到直播平台	见"直播介绍案例"
直播时间	各个直播时间段的开始时间、结束时间、直播内容	1 ××××年××月××日08:30到12:00(开幕式、比赛) 2 ××××年××月××日13:30到18:00(比赛) 3 ××××年××月××日08:30到12:00(比赛、闭幕式)
直播封面图	用于直播平台做封面图	横版尺寸:1280×720,小于1M 方版尺寸:"1:1,小于1M" 见:"直播封面案例"
宣传片或广告片	用于在直播开始前轮询播放使用	mp4格式,文件大小限制以直播平台的限制为准

直播介绍案例：

ROBOTAC(Robot+Tactic)是中国原创的国家级机器人竞技赛事。赛事融合了体育竞赛的趣味性和科技竞赛的技术性。比赛以机器人设计制作为基础,参赛双方的多台机器人组成战队,采用对抗竞技的形式进行比赛。

在规则要求下,参赛队自由发挥想象,自行设计制作机器人的"攻击武器"和"行走机构",根据地形和规则选择不同策略和战术,在机器人的相互配合和对抗中完成比赛。

赛事宗旨在于引导学生进行任务分析、创意提出、方案设计、制作加工、程序编写、装配调试、模拟练习、对抗竞技等机器人开发应用的完整流程,从而激发学生的创造力和想象力、增强学生的实践能力和心理素质、培养团队合作精神。

2015年,ROBOTAC赛事进入"全国大学生机器人大赛",成为与ROBOCON、ROBOMASTER并列的三大竞技赛事之一;2019年ROBOTAC赛事被纳入中国高等教育学会发布的全国普通高校学科竞赛评估体系。

直播封面案例:

附件7.1 直播准备资料

附件7.2 直播设备物资清单

ROBOTAC线下赛直播设备物资清单

序号	设备及服务名称	规格描述	数量	单位	天数
		硬件列表			
1	裁判系统服务器	高性能笔记本或服务器 32 GB以上内存、i7以上CPU、1TB以上内存	1	台	1
2	提词器使用电脑	用于主播查看比分及提词器 内存8 GB以上，硬盘剩余空间500 GB以上	1	台	1
3	视频剪辑用笔记本	视频剪辑上传用 需要独立显卡，16 GB以上内存，剩余空间1TB以上	1	台	1
4	主播用电脑	普通性能即可，主要用于主播与直播间互动、查看比赛进程。	1	台	1
5	普通笔记本电脑	直播画面传输，HDMI接口	1	台	1
6	移动硬盘	拷贝素材适用2TB以上空间，最好是高速硬盘	1	台	1
7	4G聚合路由器	多路4 G聚合路由器	1	台	1
8	无线路由器	高端路由器，覆盖整个赛场，支持裁判系统无线端接入、支持桥接	4	台	1
9	HDMI线	10 m长，链接主播用监视设备	3	条	1
10	电源插排	至少6口	8	个	1
11	24口交换机	本地局域网，组网使用(备用)	1	台	1
12	接线工具包	6类网线1箱 6类水晶头200个 接线钳1个 网线连通性测试设备1个	1	套	1
13	手提箱	将所有物品集中运输	1	个	1
		字幕资源制作(需要再确认导播台提供方后确定设计方案)			
1	赛事直播皮肤设计	比赛直播画面中，应显示以大赛VI为主形象的皮肤	1	个	1
2	参赛队信息制作	编辑比赛需要显示的参赛队信息	1	个	0
3	人物铭牌制作	领导、嘉宾、主播字幕设计	1	个	0
4	转场动画叠加	不同场景切换时的动态效果	1	个	0
5	宣传信息制作	制作大赛二维码、宣传文字等，可叠加到比赛画面中	1	个	1
6	虚拟直播室动态虚拟背景设计(主播用)		1	个	1

续表

序号	设备及服务名称	规格描述	数量	单位	天数
7	虚拟直播室动态虚拟背景设计(嘉宾讲话用)		1	个	1
第三方摄像、导播团队需求项目(线下赛需要)					
1	专业导播台	支持8-12通路	1	台	1
2	调音台	专业调音台即可	1	台	1
3	摄像机	广播级摄像机即可	12	台	1
4	字幕机	需要支持HTTP/JSON接口,获取在线字幕数据	1	台	1
5	摇臂	提供全景各角度切换	1	个	1
6	鹰眼设备	需要在赛场正上方提供俯视视角影像。可能需要无线传输设备。	1	个	1
7	耳麦	导播与主播沟通使用	4	个	1
8	灯光、绿幕	主要是直播间使用,给主播照明;绿幕用于抠图	4	个	1

附件7.2 直播设备
物资清单

附件7.3 直播画面要求

直播画面要求

1. 主场地周边环境要求

主场地级赛场队员行走区之外,四面都用单色或印着广告商图片的围栏围起来,以保证直播画面的简洁。

2. 直播桌面装饰

(1)笔记本背面需要贴大赛Logo。

(2)桌面需要摆放本届大赛的冠、亚、季军奖杯。

3. 主播、解说着装要求

(1)着装

如果条件允许,尽量穿着带有比赛Logo的统一服装出镜。

(2)化妆

男士女士都需要化淡妆。

4. 参赛队员着装要求

(1)衣着

各校上场队员应统一着装,短裤如无法统一,至少应保持款式(长裤、短裤)和颜色一致。

(2)马甲

组委会应为红、蓝两队的队员应配双色的马甲,为了快速变换,马甲的内外颜色应该分别为红色和蓝色,便于正反穿,快速切换。

(3)头盔

红蓝两队的头盔统一使用一种颜色(白色或黄色),不需要区分双色。

5. 裁判人员穿着与姿态要求

（1）服装

服装需要深色（黑、深灰），主裁要和其他裁判有明显的区别。

（2）站姿

裁判人员的站姿要挺拔，并定时换班，防止疲劳。

6. 志愿者穿着与姿态要求

（1）服装

志愿者着装要求灰色调，在镜头中不能抢眼。

（2）位置

场上不需要上场时，要在场地的4个角落的停留区域停留（坐），不要闲逛，不要探头探脑。

7. 其他场上工作人员穿着要求

（1）服装

其他场上工作人员着装单色即可（不上镜头），要和裁判与志愿者的服装严格区分开来，便于管理。

（2）活动区域

其他工作人员无故不得进入场地区域。

附件7.3 直播画面
要求

附件7.4　直播组信息沟通流程

直播组信息沟通流程

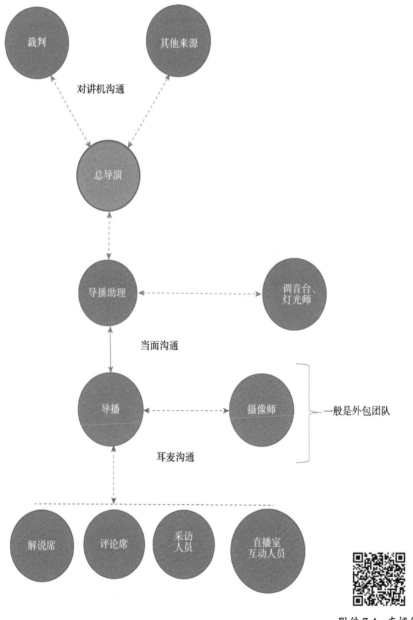

附件7.4　直播组
信息沟通流程

附件7.5　直播网络搭建

网络环境搭建

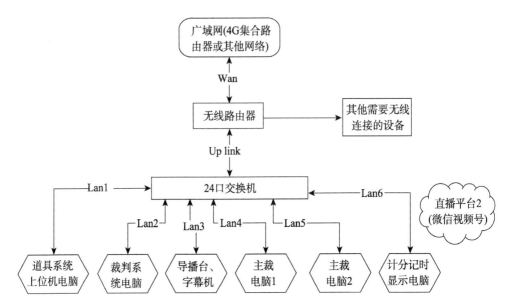

附件7.5　直播
网络搭建

附件7.6　机位、导播及现场收音

机位、导播及现场收音

1　机位

1.1　机位纵览

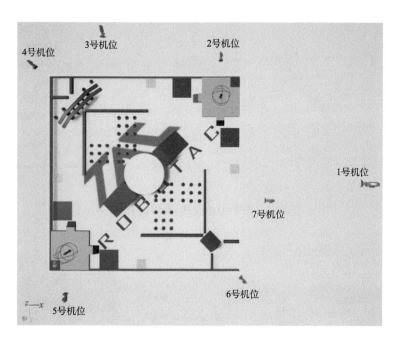

1号机位（全局、摇臂）

2号机位（红方堡垒）

3号机位（森林）

4号机位（独木桥）

5号机位（蓝方堡垒）

6号机位（阶梯）

7号机位（森林）

1.2 各机位效果图

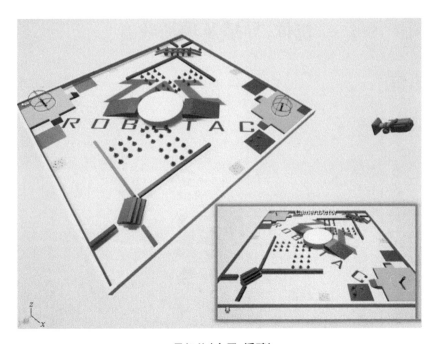

1号机位(全局、摇臂)

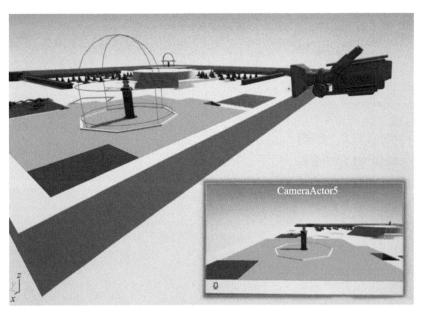

2号机位(红方堡垒)

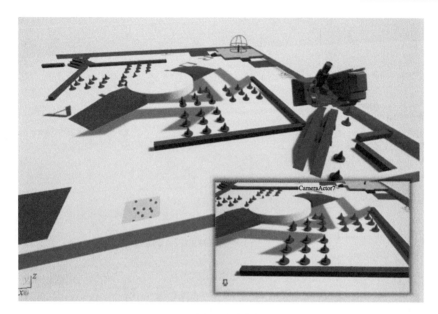

3号机位(森林)

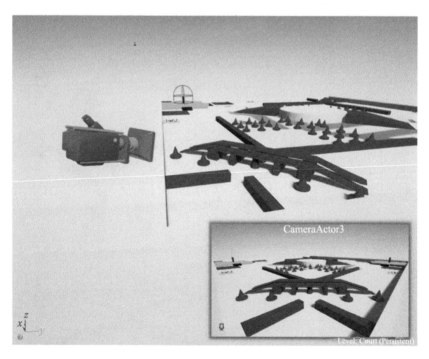

4号机位(独木桥)

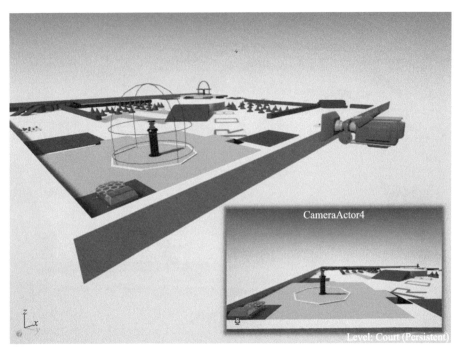

5号机位（蓝方堡垒）

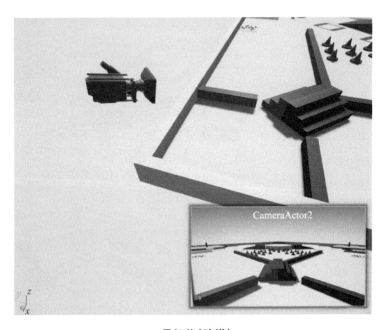

6号机位（阶梯）

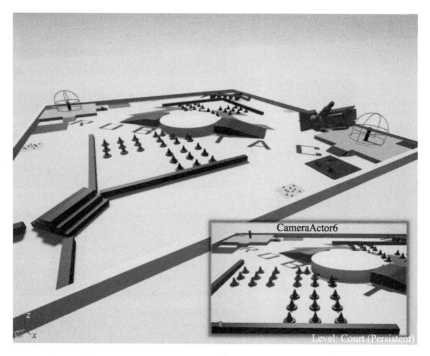

7号机位（森林）

2 导播流程

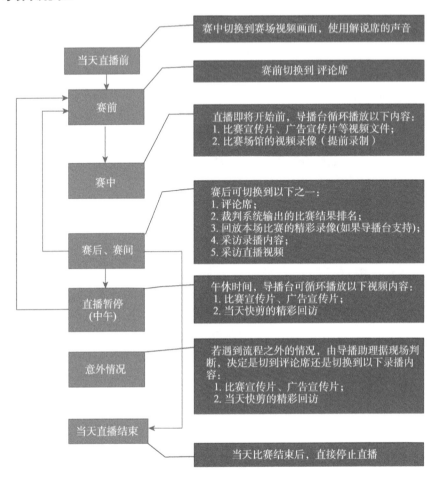

3 现场收音

环境音：比赛场地、观众席（在线直播时不需要）。

采访同期声：摄像机的移动收音，特别是当需要现场采访队员或老师时。

附件7.6 机位、导播
及现场收音

附件7.7　场地灯光布置

场地灯光布置

1.灯光需求概述

由于机器人比赛的场地基本上都在体育馆,所以基本照明问题已经解决。本文档只需要优化赛场的氛围照明接口。

(1)高度:灯具和马道的高度不应影响参赛队员比赛及摄像机取景。

(2)位置:灯具的设置应避免在场地中心产生炫光。

(3)比赛开始时要降低观众席亮度,同时提高场内灯光亮度。

(4)同时应配合红、蓝氛围光增加比赛双方的区域感。

2.参考图

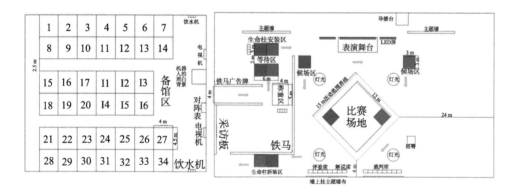

附件7.7 场地
灯光布置

附件7.8　DJ、VJ控制

DJ、VJ控制

1. 场上DJ音乐控制要求

（1）留意比赛状况，非比赛期间，解说未说话时提高音乐音量。

（2）解说说话时降低音乐音量。

（3）DJ可选用自己人，进行培训，制定具体的上下场歌曲播放目录。

2. 场上大屏幕VJ控制要求

（1）静态待机图（可以使用主题图）。

（2）直播画面。

（3）赞助商广告。

（4）往届宣传视频。

（5）规则短片。

（6）比赛期间，主屏由裁判系统使用。

3. 注意事项

（1）热身赛的时候，调试DJ音乐。

（2）开始比赛前，循环播放几次比赛规则短片，开闭幕式前中午休息播放比赛宣传片，赞助商视频以及承办方宣传视频。

（3）及时留存承办方的宣传视频等内容。

DJ文件列表		
	暖场音乐	比赛开始音乐.mp3
赛期音乐	登场音乐	战队登场音乐.mp3
	比赛期间	待定
	意外中断音乐	播放大赛规则短片或广告宣传片

附件7.8　DJVJ控制

附件7.9　比赛解说培训

比赛解说方案

1. 招募来源

(1)校内发布招募信息。

(2)向传媒院校发布招聘信息。

(3)招募前参赛队员。

(4)网红主播。

2. 培训材料

(1)比赛规则(视频、文稿、场地图等)。

(2)参赛队(学校)背景。

(3)比赛赛制、流程。

(4)往届比赛视频(有解说的最佳)。

(5)专业术语、名词解释。

3. 培训方式

(1)线上培训

将培训资料、比赛规则等文件发送给解说,由解说自行阅读了解比赛的基本内容,保障在无线下培训时的正常解说秩序,以及方便在线下培训时节省时间,便于交流。要求较为简单,便于操作,但不能作为重要比赛解说的唯一培训方式。

(2)线下培训(可选)

主要示范整体过程,强调什么该说什么不能说,同时针对不同解说的风格和情况分配不同的任务,进行有针对性的培训。

(3)现场培训

在直播时进行实时的修正,包括主播口头禅等问题的纠正和改善。

4. 线下培训内容

(1)规则解释。

(2)专有名词的创作或修改。

（3）解说风格的确立。

（4）往届视频赏析。

5. 解说人员职责

（1）比赛解说

解说人员需要熟知当届比赛的全部规则,并事先了解所有参赛队的资料。在场上解说时才能有针对性地对比赛进行解说和评价,做到言之有物,而不是平铺直叙。建议的解说内容包括:

1)技术讲解。

2)规则介绍。

3)比赛队伍介绍。

4)学校介绍。

5)学校所在地。

6)其他能联想到的内容。

（2）突发情况处理

当场上发生突发情况时,需要可以迅速控场,化解尴尬。

（3）填充空闲时间

在赛间或其他非比赛时间段,解说双方可谈论之前的比赛以填充空闲时间,不留解说空窗。

（4）赛事推广

向观众传达大赛主旨与精神,让更多的观众了解大赛。

（5）广告播报

按照广告商的要求,在视频直播过程中,循环播报广告信息。

6. 解说人员预备工作

（1）观看往届比赛视频

至少包括上届比赛八强至决赛、上上届比赛四强至决赛、往届所有决赛。

（2）补充基础知识

从机器人整体设计、移动方式、工作机构等角度补充基础知识。至少可以准确识别机器人设计理念,区分仿生、轮式等设计;区分差速轮、异形轮、麦克纳姆轮、多足等移动方式;准确识别机器人工作机构的功能、运动方式、动力来源(攻击/阻碍/抵挡/冲撞/翻越/开门等其他功能、掀起/抬起/抓握/夹持/钳制/打击/旋转等运动方式、气动/电动等动力来源)。

(3)培养直播间主播意识

有控场和配合意识,感知、把控整体直播间氛围,充分调动所有主播的谈话节奏和内容,使整场直播内容详实、紧凑、有张有弛。有配合意识,准确填补同伴的语言空位,保持气氛高涨。

积极与观众互动,促成良好的弹幕环境和评论基调。时刻注意观众的反馈和问题,积极响应、解答,维护与观众的正向循环。坚持立场,用正确方法及时遏制、安抚方向不正确的言论和情绪,坚决维护赛事的严肃性、权威性。

有主人翁意识,有意识地为观众经常做赛事整体的宣传和讲解,输出大赛的核心理念和价值观,呼吁观众长期关注,有感谢参赛队、支持者、参赛学校的意识。

坚持公正、尊重、客观的角度,不对参赛队的表现进行优劣方面的评价。绝不可以抱持批评、贬低等态度,更不可以出现有嘲讽意味的言论(针对机器人的完成度、外观、参赛队的精神状态、场上表现等)。对每一支参赛队伍都要表现出同等的尊重,对胜者表示祝贺的同时也要感谢失败方的参与和坚持。可以从技术上进行纯理性的讨论,坚决不对客观的物质条件和胜负结果做评价。

有责任心,在直播时间保证仪容仪表的端正、情绪状态的饱满,如有下滑及时示意更换调整。时刻有镜头意识,约束自己的行为和表情,对画面和解说内容负责,保持谨言慎行的心态。自行做好身体上的调整,尽量保证直播期间不出现意外情况。有直播意识,有警觉心,避免一切形式的直播事故发生,时刻关注自己在镜头前的状态,清楚镜头切换逻辑,严格遵循既定流程。

(4)保证协同工作的意识和自主性

提前准备自己解说期间所需物料和信息材料,自主与裁判组、物资组、技术组等提前沟通,自主确认自己的直播位置(席位/镜头位置)、直播设备(麦克风/摄像头/电脑/提词器)等是否就位。当发现直播任何一环节出现问题或有出现问题的风险,应该主动提出并积极与其他工作组协商,保证直播的效果和完成度。

附件7.9 比赛解说培训

附件7.10　直播间管理

直播间管理

一、管理员(房管)发言时间及内容

(一)发言时间

比赛前开始20分钟、比赛开始、比赛中屏蔽发言时、比赛过程中不定时发言、比赛结束前20分钟、比赛结束。

(二)发言内容

比赛前开始20分钟:比赛将于××××开始,敬请期待!

比赛开始:比赛即将(正式)开始,请大家文明观赛!

比赛中屏蔽发言时:直播间可以讨论比赛,但不允许说脏话,一经发现立马屏蔽。

比赛过程中不定时发言:引导大家对比赛的讨论,对赛事相关(相册、话题、微信投稿、关注微博微信抖音)等的参与等。

比赛结束前20分钟:感谢大家的观赛与讨论,此场为上午最后一场比赛。

比赛结束:上午比赛即将结束,下午××××继续(本届比赛圆满结束,赛事成绩将于××在××平台公布,请大家持续关注)。

(三)设置房管

管理员可以设置房管,建议设置组委会成员3名人员做房管,房管在发言时有"房"标志,可协助管理员进行话题的引导和赛事的讨论。房管可协助监管弹幕发言,提醒不良发言,可按弹幕管理直接将发言者禁言。

二、弹幕管理

(一)全员屏蔽

当本场赛事出现激烈(如质疑赛事公平性及质疑参赛校时)讨论,允许文明(非脏话)讨论,本场比赛结束时直播间提醒"请大家关注下一场比赛,文明讨论",若在下场比赛继续时还在针对上场赛事讨论,影响本场比赛的直播环境,可短暂性(3分钟)禁言。

（二）按用户等级屏蔽

当有用户使用小号在直播间进行不文明发言（如辱骂、散布色情广告、赌博、迷信、反党反社会、种族歧视等），在屏蔽该用户的同时，暂时屏蔽低等级（2级以下）用户，并在直播间提醒"不文明言论一经发现，立刻禁言拉黑"。

（三）关键词屏蔽

挑选高频率已出现的问题关键词进行屏蔽，下表为抖音禁用词列表，可作为参考。将1、4、5类比的词放在关键词屏蔽库进行屏蔽。

抖音禁用词列表

序号	类　别	禁用词
1	严禁使用的不文明用语	
2	严禁使用疑似欺骗用户的词语	
3	严禁使用刺激消费词语	
4	淫秽、色情、赌博、迷信、恐怖、暴力、丑恶用语	
5	民族、种族、性别歧视用语	
6	化妆品虚假宣传用语	
7	医疗用语（普通商品，不含特殊用途化妆品、保健食品、医疗器械）	

（四）直接拉黑屏蔽某用户

用户在直播间进行不文明发言，如出现关键词屏蔽中的言论，直接屏蔽拉黑该用户。

三、其他手段

1. 主播不谈论和规则公正性有关的话题。

2. 需要转移直播间话题的时候，可以穿插直播间抽奖活动把不当言论顶下去。

附件7.10　直播间管理

8 宣 传 部

 8.1　工作目标

（1）通过多形式、多渠道宣传赛事，取得更大的影响力。

（2）赛事宣传内容、素材与参与方及时共享、组委会留档。

 8.2　岗位职责

（1）赛事资料的整理和发布：建立素材共享渠道，发布赛事宣传资料包，其中包括：赛事推介书、赛事VI及规范、宣传片、规则片等官方视频。

（2）组织媒体见面会，介绍比赛基本情况和宣传规范，安排专家一对一采访。

（3）联系赛队宣传员，组织参赛队素材拍摄。组织相关的其他素材拍摄。

（4）开设图片直播，保证摄影师照片质量和数量，且能及时上传到共享平台，保证图片素材的发布渠道通畅。

（5）撰写官方新闻稿供稿给需要的媒体渠道，汇总相关的报道链接。

（6）比赛期间官方媒体渠道的更新和内容联动：公众号、抖音、知乎、微博、当地官方媒体等。

（7）比赛视频的剪辑和上传。

 8.3　信息沟通

沟通部门	沟通内容	说明
承办方宣传部	宣传素材	邀请媒体，发布会
媒体记者	宣传素材	建群，共享资料信息

续表

沟通部门	沟通内容	说明
团中央	新闻稿	
大赛官方媒体	宣传计划	
参赛校	互动、采访、提供素材	

8.4　支撑附件

附件8.1　全国大学生机器人大赛宣传工作规范
附件8.2　赛事宣传资料包
附件8.3　赛期宣传计划
附件8.4　媒体工作方案
附件8.5　照片直播方案
附件8.6　机器人大赛照片拍摄素材
附件8.7　机器人大赛视频拍摄素材

附件8.1 全国大学生机器人大赛宣传工作规范

全国大学生机器人大赛宣传工作规范

全国大学生机器人大赛宣传工作规范是大赛理念、形象的静态识别形式,是运用文字表达、视觉传达方法在大赛物质性载体上使用的统一文字和标识。编制此规范的目的旨在建立大赛宣传工作的统一性和识别性,塑造全国大学生机器人大赛统一的宣传形象。

1. 赛事名称

（1）规范表达：第××届全国大学生机器人大赛××,如：

第二十一届全国大学生机器人大赛ROBOTAC赛事；

（2）赛事简称：年份+赛事名,如：2022 ROBOTAC。

2. 赛事LOGO

ROBOTAC：

3. 宣传文案落款

ROBOTAC（Robot+Tactic）是中国原创的国家级机器人竞技赛事。赛事融合了体育竞赛的趣味性和科技竞赛的技术性。比赛以机器人设计制作为基础,参赛双方的多台机器人组成战队,采用对抗竞技的形式进行比赛。

在规则要求下,参赛队自由发挥想象,自行设计制作机器人的"攻击武器"和"行走机构",根据地形和规则选择不同策略和战术,在机器人的相互配合和对抗中完成比赛。

赛事宗旨在于引导学生进行任务分析、创意提出、方案设计、制作加工、程序编写、装配调试、模拟练习、对抗竞技等机器人开发应用的完整流程,从而激发学生的创造力和想象力、增强学生的实践能力和心理素质、培养团队合作精神。

2015 年，ROBOTAC 赛事进入"全国大学生机器人大赛"系列，成为与 ROBOCON、ROBOMASTER 并列的三大竞技赛事之一。2019 年，ROBOTAC 赛事进入中国高等教育学会发布的全国普通高校学科竞赛评估体系。

附件8.1 全国大学生机器人大赛宣传工作规范

附件 8.2 赛事宣传资料包

赛事宣传资料包

内容 ＼ 主题	ROBOTAC
Logo	TAC ROBOTAC
官网	http://www.robotac.cn/
小程序	
公众号	
抖音	ROBOTAC 中国原创机器人竞技赛ROBOTAC
微博	
知乎	ROBOTAC
照片直播	链接

附件 8.2 赛事宣传
资料包

附件8.3　赛期宣传计划

目　录

1 赛期宣传总流程

序号	时间	内容	执行		
			图片	文字	视频
1	开赛前一周	1. 预热新闻稿； 2. 搜集参赛资料(参赛院校、比赛日程、比赛规则、赛制与分组方式、合作媒体、参赛队宣传视频)； 3. 设计比赛期间互动活动(答题抽奖、最佳人气奖评选等)； 4. 建立与合作方分享渠道(网盘共享、图文资料、新闻稿等)	预热倒计时： 1. 海报图片(机器人摆拍、参赛队手拿倒计时图片、机器人部件摆拍)； 2. 照片(去年精彩照片集锦、今年场馆场地准备情况)	预热倒计时： 1. 推送(本届赛事赛况介绍、规则介绍、精彩看点、冠军预测投票、参赛队介绍、参赛队评价对比(特邀评论员)、直播预告、抽奖赠送门票等小礼品、承办地宣传)； 2. 微博内容与微信对应	预热倒计时： 1. 往届宣传视频，包括精彩集锦、图片集锦； 2. 本届举办地视频介绍、场馆介绍(当地特色如美食、建筑、文化的宣传)； 3. 本届规则短片，各参赛队提交中期检查视频，集体加油口号
2	参赛队报到领队会	官网、微博公布领队会概要、抽签结果(小组赛对阵情况)	1. 参赛队报到、备馆准备、报到机器人、抽签结果列表、抽签现场照片、抽签者设计摆拍； 2. 领队会照片，领导发言等	1. 话题互动(最美志愿者/工作人员)； 2. 领队会概要、突出强队对阵； 3. 话题互动(哪一组最有看点/激烈)(邀请特邀评论员)； 4. 抽签方式(屏幕滚动抽签(用队徽代替校名)； 5. 领队会纪要发布，新闻稿领导发言内容	1. 参赛队采访(最想挑战的队伍、参赛期待、参赛队集体喊加油)； 2. 报到时参赛队运送机器人，报到，进入备馆； 3. 工作人员办公视频，现场志愿者服务等凸显大赛紧张准备
3	场地测试、开/闭幕式彩排	1. 分发宣传材料； 2. 预告直播地址； 3. 在候场区布置拍摄背景布，并拍摄机器人； 4. 采访(赞助商、参赛队员、专家、指导老师、承办地)(设计问题)； 5. 相关资料整理上传网盘	彩排、场地测试、参赛队机器人摆拍形状；队员专注、调试、休息	推送参赛队报到情况、比赛准备情况、直播地址、采访内容	1. 现场准备、彩排等精彩镜头集锦； 2. 采访赞助商、裁判组委会人员志愿者等

序号	时间	内容	执行		
			图片	文字	视频
4	开幕式	1. 开幕新闻通稿; 2. 搜集开幕式视频和文字稿(赛程组); 3. 相关资料整理上传网盘	图片新闻:舞台、仪式、参赛队伍、领导讲话	推送赛程信息预告、开幕式通稿、开幕式亮点	1. 开幕式上播放的当地宣传视频、开幕式规则片等; 2. 开幕式精彩节目表演,观众入场,参赛队入场,舞动旗帜,宣誓等
5	比赛期间(小组赛、复赛、决赛、节目表演冠军挑战赛)	1. 搜集小组赛、复赛赛况,抽签结果(跟赛程沟通); 2. 采访参赛队员、指导老师、专家等; 3. 现场观众互动; 4. 图文直播,即时发布比赛进程和结果; 5. 相关资料整理上传网盘; 6. 工作人员合影(决赛前一天或比赛结束); 7. 专家合影(决赛当天)	比赛精彩瞬间、媒体、采访、表情包;队员拥抱、背影、奔跑、装弹手、操作手、胜利时刻、呐喊;比赛奖杯摆拍;专家、嘉宾、工作人员抓拍并分发;合影	1. 推送小组赛、复赛决赛、表演赛精彩赛点,赛程信息预告,采访,抽奖; 2. 互动:无人机扔小礼物,回答问题(赛事相关简单小问题)发奖品,直播互动设计	1. 参赛队进场、喊加油; 2. 倒计时开始裁判吹哨; 3. 机器人掉血缠斗、过障碍,登上高地、现场互动、机器人减血、人形机器人动作等比赛期间机器人精彩镜头; 4. 参赛选手操作,表情动作等,胜利后欢呼,失利时沮丧; 5. 观众反映、欢呼镜头、啦啦队镜头
6	闭幕式(颁奖典礼) 活动相关	1. 闭幕新闻通稿; 2. 发布获奖名单(冠、亚季); 3. 搜集闭幕式视频 4. 组织工作人员合影; 5. 相关资料整理上传网盘; 6. 交流,参观,论坛; 7. 志愿者合影	仪式、领导讲话、颁奖、合影参赛队、工作人员、志愿者	推送闭幕式通稿、照片集锦、换队服	1. 闭幕式视频、大赛宣传视频、参赛队赛后感受; 2. 冠、亚、季军采访; 3. 观众观赛感受; 4. 赞助商采访谈感受; 5. 节目表演精彩镜头等

序号	时间	内容	执行		
			图片	文字	视频
7	赛后	1. 整理照片、视频，分类汇总上传，网盘发布(按脚本)； 2. 整理汇集媒体报道(渠道&数据)； 3. 撰写赛事总结		推送冠、亚、季队伍，对其他队伍的评价，本届比赛亮点，投票最佳人气奖，最佳操作手，一年来你最感谢的人，参赛队员互换队服，强队的"最差"成绩	1. 对直播拍摄视频进行分类剪辑； 2. 半决赛，决赛视频回顾； 3. 大赛过程剪辑

人员分工(志愿者协助)：

1. 摄影

①拍照：专业摄影师(1)+拍摄白色背景布机器人(2)；

②整理摄影师的照片(1)+白色背景布的机器人照片(1)；

③上传或分发工作人员照片(1)。

2. 视频

①拍视频；

②剪视频+上传视频：分为剪辑手机录制的视频(1)和剪辑直播流中出来的单场比赛视频(1)。

3. 文字

①记者(采访)；

②特邀评论员(参赛队员)；

③撰稿人；

④编辑排版。

4. 渠道(按渠道传播宣传素材)

①公众号：秀米、稿定设计、创客贴；

②微博(微博墙话题互动)、官网、QQ群、微信群、朋友圈、共享网盘、视频网站、赛事小程序中的资讯模块。

备注：

2 公众号宣传计划

ROBOTAC 推送计划

比赛时间：××××.××.××—××××.××.××

序号	推送时间		主题	包含要素
1	赛前	××月 ××日	倒计时3天 赛事预热	倒计时海报 比赛规则、规则短片 参赛院校列表 比赛地点,比赛日程,参赛手册内容 直播预告
2		××月 ××日	倒计时2天 赛事演变	组委会成员评价RT近两年有哪些发展、改变 可选话题:参赛院校数量、地区幅面、规则、场地、解说、直播 直播预告
3		××月 ××日	倒计时1天 精彩看点	倒计时海报 历年四强院校介绍 解说团队介绍 最好有人物照片[①] 现场布置照片 直播链接
4	赛中	××月 ××日	报道 领队会 赛场速递	现场图片集锦(或短视频):场地,参赛队,工作人员,志愿者 …… 抽签结果列表 赛前采访(去年四强或随机) 08:30—17:30报到,19:00—20:30领队会 可选话题:(1)准备状态如何;(2)最想挑战的队伍;(3)今年的目标 直播链接
5		××月 ××日	小组赛	现场图片集锦(或短视频):比赛时机器人对抗 赛时亮点 小组赛成绩 直播链接
6		××月 ××日	决赛 赛事收官	(参考6.3萝卜坑推送)新闻稿 出席嘉宾、专家评委、颁奖、致辞 获奖名单,赞助商名单 赛后采访,素材采集:内容参考××日

续表

序号	推送时间	主题	包含要素
7		××月 ××日 赛后交流参观	图文:××日交流参观
8	赛后	××月 ××日 赛后采访 四强问答	比赛视频集锦,图文 赛后采访 可选话题:(1)心情;(2)比赛中哪些难忘瞬间;(3)对RT有什么想说的,哪些展望、期待;(4)自己在比赛中有哪些收获;(5)经过本次比赛,有哪些经验分享给大家

① 关注参赛院校自己的推送,RT可转发。

3 抖音宣传计划

ROBOTAC赛事抖音拟拍摄内容

本次比赛拍摄内容主要分为两部分:参赛队伍自主拍摄和组委会宣传拍摄。首先,参赛队伍自主拍摄提前通知各队伍,拍摄内容、方法等不做强制安排,拍摄素材可在赛事完成后统一发送组委会指定邮箱;其次,组委会拍摄根据人员数量、技能合理安排岗位,依据赛事流程对整个赛事的环境、各类人员、比赛内容花絮、会议主旨、表演、颁奖、论坛等进行拍摄,每天整理和存放拍摄内容,赛后统一制作发送。

3.1 主要拍摄内容

(1)大赛各类人员

- 组委会老师和工作人员(工作状态、工作内容、小对话、小采访);
- 参赛队伍队员、领队和指导老师(团队合作、赛事准备状况、沟通状况、个人团队风采展示、小采访);
- 当地相关组织人员和工作人员(工作状态、小采访、对话、风采);
- 裁判(工作状态);
- 现场观众(观看状态);
- 开闭幕式表演人员(幕后、前台表演);
- 论坛交流老师;
- 上述内容(不限语言、动作、表情、实时状态、采访等方面素材)。

(2)各赛事

各个比赛参赛队伍机器人细节介绍(360°全景展示,队员简单讲解);比赛中机器人动作、对抗、合作及整体运动过程(结合解说员主持人讲解);队员对机器人操作动作;赛前准备、交流、调整机器人。

(3)赛事环境

赛事队伍报到前后整个大赛的整体环境氛围,包括场地、观众、队员、嘉宾、裁判等。

(4)生活内容

比赛前后差旅和期间各参赛队伍、组委会工作人员生活日常短视频、照片。

(5)时间点捕捉

捕捉拍摄重要事件节点,如获胜瞬间、机器人冲线、比赛结果公布时的抱团欢呼、比赛过程中的团队讨论、与指导教师间的讨论等。

(6)物品与道具

场地内和人员配备的各种设备和物品道具,如裁判表、口哨、工作证、领队证、参赛证、横幅旗帜、遥控器、工具箱等。

3.2　形式和要求

- 视频和照片
- 长远镜头交替
- 细节特写和宏观场景

3.3　具体内容

(1)工作状态

主要指对工作人员某些实时工作进行拍摄,包括语言、动作、表情。

(2)小对话

主要指对赛事人员之间的沟通状况进行拍摄。

(3)小采访

对相关人员就赛事祝福、个人实时感受、愿景目标、加油或队伍口号等说出自己的话并进行拍摄。

3.4　计划及时间节点分工

(1)赛前(发布通知、邮箱收集素材)

- 出发:誓师大会、喊口号、收拾行李、聚餐、打车等。
- 车程:车旅各种小视频和照片(不限)。
- 到达安置:接送、会师、住宿、餐饮。
- 随机或重点采访几支队伍的成员,说感受、口号、想对大家说的话等。
- 组委会老师和工作人员的精神风貌、语言祝福、工作状况等。

(2)赛中

	时间	内容	地点	拍摄内容
××日	8:00—15:30	报到、拆箱(拍摄者A)		1. 各参赛队伍报到过程； 2. 拆箱； 3. 场馆介绍
	15:30—18:00	开幕式彩排(拍摄者A)		1. 工作人员祝福、感受； 2. 表演人员； 3. 幕后环境
	13:00—15:00	裁判员会议(拍摄者B)		1. 裁判员采访； 2. 规则讲解
	15:30—17:00	领队会 初赛抽签仪式 (拍摄者B)		1. 领队会主要内容； 2. 领队赛事目标； 3. 抽签过程
××日	8:30—9:30	开幕式(小队)		1. 选择有趣的节目； 2. 观众、队员采访
	9:30—10:00	机器人表演赛 (拍摄者A、B)		1. 表演过程； 2. 细节360°拍摄； 3. 表演者采访
	9:00—17:00	投壶行殇试运行 (拍摄者A、B)		拍一下该流程的主要内容
	17:30—18:00	热身赛(小队)		1. 主要内容； 2. 队员感受
××日	8:30—12:00	晋级赛(第一轮)(小队)		1. 对抗性、趣味性等动作； 2. 队员肢体、表情、声音、庆祝等
	13:00—14:00	晋级赛(第一轮)(小队)		
	14:00—18:10	晋级赛(第二轮)(小队)		
	19:00—19:30	总决赛领队会(小队)		1. 会议内容； 2. 领队一天赛事感受
	10:00—15:00	机器人试运行 (拍摄者A、B)		1. 大环境过程拍摄； 2. 动作细节

续表

时间		内容	地点	拍摄内容
××日	8:30—12:00	32强小组循环赛 (拍摄者A、B)		1. 对抗性、趣味性等动作; 2. 队员肢体、表情、声音、庆祝等
	13:30—15:10	32强小组循环赛 (拍摄者A、B)		
	15:20—18:00	复赛16进8 (拍摄者A、B)		
	16:00—19:00	闭幕式彩排 (拍摄者A、B)		1. 工作人员祝福、感受; 2. 表演人员; 3. 幕后环境
	9:00—11:10	机器人赛(第一轮) (拍摄者A、B)		1. 赛程主要内容录制; 2. 机器人动作细节; 3. 队员肢体、表情、声音、庆祝等
	13:30—15:30	机器人赛(第二轮) (拍摄者A、B)		1. 赛程主要内容录制; 2. 机器人动作细节; 3. 队员肢体、表情、声音、庆祝等
××日	8:30—9:50	复赛8进4(小队)		1. 对抗性、趣味性等动作; 2. 队员肢体、表情、声音、庆祝等
	9:50—10:20	半决赛(小队)		1. 对抗性、趣味性等动作; 2. 队员肢体、表情、声音、庆祝等; 3. 解说、嘉宾
	10:20—10:30	现场互动(小队)		互动过程录制
	10:30—11:00	决赛(小队)		全程录制
	11:00—11:50	颁奖、闭幕式(小队)		1. 各参赛队伍风采拍摄; 2. 主题内容拍摄
	14:00—17:00	论坛及技术交流会(小队)		各主题论坛展示情况拍摄

(3)赛后

• 各参赛队伍离开情况、精神状态、话语、肢体动作等。

• 组委会老师、工作人员的愿景祝福等。

3.5　产出

		素材内容	拟产出
生活素材	赛前	1.组委会和工作人员(工作状态、工作内容、小对话、小采访); 2.各参赛队伍(旅途前准备、车旅过程、到达后安置)	分类别以VLOG、照片集或视频合集等形式展示各参赛队伍赛事下个人、团队品质和精神状态风采
	赛事过程中	1.各参赛队伍生活日常; 2.组委会生活日常	
	赛后	1.各参赛队互相交流、归途; 2.组委会工作结束	
工作素材	工作实时状态	保安、裁判、表演者、幕后工作者、指导老师等工作的神态、语言、动作等	展示默默付出的工作人员的精神风貌和状态
小采访素材	各类人员	祝福、感悟、想说的话、口号、动作	对大赛的祝福集锦、采访集锦等
大赛环境素材	场馆、比赛场地环境、比赛环境、观众环境	主要取宏观场景、结合定点细节	赛事环境介绍
比赛素材	机器人、机器马	360°全景介绍展示	科普机器人或马
	机器人动作	有视觉享受的对抗、合作、跑动等动作	机器人动作结合相关主题展示视频
	比赛队伍	报到、抽签、合照、庆祝等;比赛过程中互相的交流、讨论、睡觉、操作动作、调试;赛前准备等	高校队伍风采展示
	解说、评委老师	照片、动作、话语	风采展示
	比赛视频	精彩比赛视频拍摄,重点是重要时间点:投壶、超越、冲线等	分级赛展示;机器人赛展示

主题标签形式:
#官方短片、#赛事现场、#解说、#歌曲卡点、#机器人动作、#采访、#人物、#热点、#混剪结合、#机器人全景展示、#赛事小转播、#赛事科普

4 微博宣传计划(略)

5 知乎宣传计划(略)

6 线上互动活动方案

6.1 活动目的

(1)对于参与者:增加参与感、互动性、趣味性。

(2)对于参赛校:为参赛校搭建宣传平台与内容。

(3)对于组委会:留存宣传素材,丰富赛事活动。

(4)对于宣传组:增加浏览量、粉丝数据,提高曝光。

6.2 活动渠道

6.2.1 宣传渠道

(1)公众号——图文、留言、点赞。

(2)抖音——短视频。

(3)微博——资讯、互动。

(4)B站——长视频、直播。

6.2.2 其他渠道

(1)淘宝店/微店。

(2)文创设计团队。

(3)3C数码货源。

(4)直播相册。

6.3 总体活动方案

6.3.1 可选方案思路

(1)直播——预测竞猜。

(2)直播——知识问答。

(3)推送互动——留言集赞。

(4)推送互动——投票。

(5)推送互动——设置以及创造奖项,如最佳人气奖。

(6)现场——采访,形成图文。

(7)相册——图片、短视频收集。

(8)相册——榜单。

(9)抖音互动——发起挑战。

6.3.2 奖励与支持

(1)文创礼品。

(2)文创团队进行团队定制设计。

(3)与活动相关的礼品,如比赛道具(堡垒、球),书籍(问答知识相关),其他。

(4)3C数码配件货源。

6.4 活动方案

6.4.1 队服大赏

(1)达成目的:收集队服照片,增加互动、引导投票。

(2)参与性:参与难度低,参与感较高,宣传人员参与征集,所有人都可以参与展示投票。

(3)方法:社群发布征集队服的主题活动,相册收集照片,公众号展示与投票互动留言,前 n 名给文创礼品/赠送定制队服(文创团队)。

6.4.2 战队口号

(1)达成目的:收集战队口号,增加互动与热度、引导投票。

(2)参与性:参与难度较低,参与感较高,参赛队都可以参与。

(3)方法:社群发布征集照片的主题活动,相册收集照片,公众号展示图文与投票,引导互动留言集赞,前 n 名赠送文创礼品/定制口号横幅(文创团队)。

6.4.3 全队合影

(1)达成目的:收集参赛队照片,增加互动、引导投票。

(2)参与性:参与难度低,每队手头都有赛队合影,随手上传即可参与,参赛队参与征集,所有人都可以参与展示投票。

(3)方法:社群发布征集合影的主题活动,相册收集照片,公众号展示与投票互动留言,前 n 名给文创礼品/赠送定制队服(文创团队)。

6.4.4 个性机器人

(1)达成目的:收集特色机器人照片,增加互动、引导投票。

（2）参与性：参与难度中等，参赛队员参与征集，所有人都可以参与展示投票。

（3）方法：社群发布征集特色机器人（外形与结构）的主题活动，相册收集照片，公众号展示与投票互动留言，前n名赠送机器人贴纸/定制机器人贴纸。

6.4.5 团队瞬间

（1）达成目的：收集团队互动照片，增加互动。

（2）参与性：参与难度中等，参赛队员参与征集，所有人都可以参与展示投票。

（3）方法：社群发布征集队友情谊等的主题活动，相册收集照片，公众号展示，留言说出你的故事，前n名赠送机器人贴纸/定制机器人贴纸。

6.4.6 直播问答互动

（1）达成目的：直播与公众号联动，公众号通知进入直播，并将直播用户导流至公众号。

（2）参与性：需要对赛事有一定了解，参与观看赛事，参与感高，参赛队与往届参赛者都可以参与。

（3）方法：公众号内通知大家进入直播间观看比赛，预告活动：直播间内不定期发布预测/历史/知识问题，看到问题后于公众号的文章留言回答（便于统计与联系），每个问题前n名答对者赠送文创礼物。若为线下比赛，可增加解说向现场发布问题，公众号收集问题的方式。

6.4.7 比赛团队纪念品

（1）达成目的：赛队购买赛事纪念礼品，团建关怀与留存纪念。

（2）参与性：本届参赛队伍。

（3）方法：公众号与抖音发布纪念品，互动活动发送优惠券，网店邀请购买，赠送礼物，既设计通用纪念品，每届赛事选择一个元素一个产品类型，也可以做团队定制礼品。

附件8.3 赛期
宣传计划

附件8.4 媒体工作方案

媒体工作方案目录

1 宣传要点

1.1 ROBOTAC宣传点

可挖掘新闻点	参考资料	联系人	渠道
技术	主题规则		开幕式后采访
比赛	比赛规则		开幕式后采访
兄弟赛事交流展示	赛事展板内容		互动区
直播、抖音	直播推送		

1.2 严格遵守宣传规范

赛事报到、赛事名称,严格遵守规范,赛事名称不得省略"ROBOTAC"。

2 媒体见面会

第×届全国大学生机器人大赛媒体见面会

会议方案

一、会议时间

××××年××月××日下午 17:30—18:00

二、会议地点

××××

三、参会人员

四、会议议程

会议拟由×××主持

1. 领导致辞；

2. ×××介绍赛事规则、赛事精彩看点；

3. ×××介绍本届机器人大赛日程安排及采访重点。

3 采访安排

3.1 采访流程

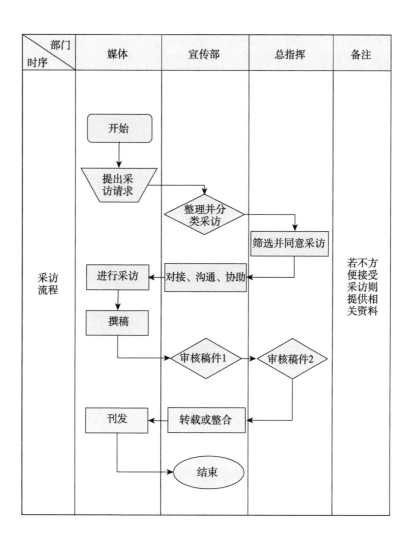

部门 时序	媒体	宣传部	总指挥	备注
采访流程	开始 ↓ 提出采访请求 进行采访 撰稿 刊发	整理并分类采访 对接、沟通、协助 审核稿件1 转载或整合 结束	筛选并同意采访 审核稿件2	若不方便接受采访则提供相关资料

3.2 采访对象与时间

时间 对象	赛前	赛期(决赛前)	赛期(决赛)	赛后
参赛队员	√			√
指导教师	√	√	√	√
观众		√	√	√
工作人员				√

4 渠道对接

渠道类别	对接对象		联系人	联系方式
官媒	(1)			
	(2)			
	(3)			
门户网站	百度"ROBOTAC"即能搜到开幕式、比赛举办等相关报道			
自媒体	公众号	相关领域头部公众号		
	微博	相关领域大V		
	知乎	相关领域大V		

附件8.4 媒体
工作方案

附件8.5 照片直播方案

照片直播方案

目 录

1 使用平台与账号信息

名称	上传方式	上传权限	分享方式	免费版功能	付费版功能	价格
一拍即传	App上传 手机本地 相机直传	需要摄影师先注册，对摄影师账号开放权限	海报 小程序链接	上传图片 查看图片 链接分享 打包下载 （带水印）	图文直播 短视频直播 人脸识别 下载去水印 添加统一水印 微信分享 （自己设置图文）	199元/ 相册
腾讯相册	QQ—空间—好友动态—相册	登录本QQ	微信 QQ	上传图片 无水印下载 小程序分享	无	无

由于功能选择，最终采用了一拍即传App进行图片直播。

可上传10天，相册保留五年。

一拍即传渠道	App	小程序
使用者角色	摄影师、管理者	观看者
可用内容	上传图片、管理权限	查看与下载

2 活动目标

(1)鼓励更多参赛队拍摄记录并提交自己队伍的照片视频。

(2)保留整理素材,以便宣传使用。

(3)结合主体增加互动与互动方式的趣味性。

3 前期准备流程

(1)购买专业版相册。

(2)找客服开发票。

(3)创建相册,设置题目、封面、宣传封面、活动详情、水印等信息。

(4)领队会邀请入群,推送发布活动,拉群,统计信息。

(5)群内文件:线上表格收集注册名、注册手机号、姓名、学校,责任书模板文件,群公告说明。

(6)签署责任书。

(7)相册设置-新增摄影师,对外开放上传照片权限。

(8)发送拍摄模板。

(9)分享相册海报、链接,进入小程序相册,可查看照片。

(10)为参与者介绍软件规则:照片管理-导入手机本地图片。

(11)设定上传截止时间。

群公告:

请各位TAC线上赛摄影师以个人身份注册【一拍即传App】,填写【责任书】将文件发到群里并【同时回复账号注册的手机号】,最后在【线上表格】中填写全部信息。完成后由我们添加账号以开放照片的发布权限。【责任书】签字可以采取电子文档手签或者打印后签字拍照发群。得到权限后即可开始上传,图片内容与本次大赛相关即可,人物、机器人、备赛生活等都可以,欢迎上传纪念性的赛队合影,也欢迎上传表情包在人物墙找队友的大头照。赛后我们会按照相册内【浏览量、点赞量】热度榜单为上榜的摄影师发送TAC纪念礼品,还会在后续持续发布活动主题,征集主题照片,评选奖项发布礼物。

4 活动发布

鼓励参赛队成为赛事摄影师,以及参与浏览、点赞互动。介绍App 7大看点+玩法,提供进群方式,进群统计账户与手机号,开放权限。利用浏览量热度榜与点赞热度榜,前三名可在榜单直接查看,联系给予文创奖品。

(1)每个人都是赛事摄影师,且照片展示摄影师信息。

(2)图片、文字、短视频、直播多种形式。

(3)Live 比赛实况随拍随传随看。

(4)点赞互动,轻松下载高清图片。

(5)拍后即传,软件智能修图,或软件内修图,还可以获得照片专属水印(由我们提前上传)。

(6)人物墙,人脸识别出人物大头,找自己找队友。

(7)热度榜单。

5 活动期内

(1)审核照片与赛事相关性,随时删除:照片管理-删除照片。

(2)随时新增摄影师权限。

(3)随时解答问题。

(4)发布主题活动,引导拍摄与上传。

6 赛后工作

(1)持续上传并设定截止时间。

(2)下载精彩照片,推送展示(相册可保留五年)。

(3)统计榜单,联系兑奖。

7 注意事项

(1)机器人动作特写的视频素材收集较少,发布根据【拍摄内容邀请】文件设计的主题,鼓励上传。

(2)若视频素材仍然不足,可提前于中期检查收集视频素材。

(3)领队会上宣传直播相册,邀请进群效果很好。

(4)群内需要随时发送线上表格、责任书文件、群公告说明。

(5)提交责任书的同时要求发送手机号,便于管理员添加摄影师。

(6)提前设置好活动主题,定期发布。

(7)活动中后期容易发生群内打广告的情况,可采用管理员确认进群。

(8)按不同赛事特点分别制定计划。

ROBOTAC	
人物	
自己	机器人自拍、工位自拍、和道具自拍
队友	表情包、最靓的仔、女操作手、奇怪睡姿挑战
指导老师	偷拍挑战、最可爱的时候、最凶的时候
全队	合影、团建合影、队服
物品	
机器人	个性化外形、贴纸、切割设计、表情包
比赛道具	表情包
相关道具	具有团队意义的物品
环境	
赛场	全景、颜色搭配、搭建场地
实验室	全景、工位、横幅、口号、队徽
其他	
生活	宿舍
团建	上次团建的食物、队长给买的零食、战队生日蛋糕
培训	全景、培训文书展示

附件8.5 照片
直播方案

附件 8.6 机器人大赛照片拍摄素材

机器人大赛照片拍摄素材目录

1 总述

1.1 照片拍摄思维导图

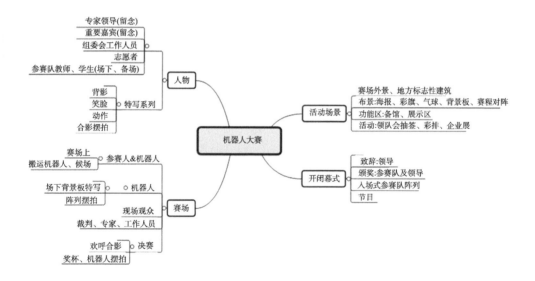

1.2 拍摄总述

摄影人员务必要参考摄影脚本,在精不在多(减少后续筛选工作,方便照片分类),照片分类交给志愿者做,分类好的照片按时间点(中午、下午、晚上)及时上传共享。

	拍摄对象	拍摄时机	拍摄内容	备注
人物	参赛老师、学生	调试;操作;赢;输;赛后	专注神态;狂喜;沮丧;交流讨论;团体合照	
	专家领导	开幕式;闭幕式;比赛期间;参观考察	讲话;握手;交流;合影留念	
	重要嘉宾	开幕式;闭幕式;比赛期间;参观考察	讲话;握手;交流;合影留念	
	观众	比赛期间	特写;整体	
	组委会工作人员	幕后;台前	认真工作的样子	裁判、安保等
	志愿者	幕后;台前	认真工作的样子	
	特写系列		背影、动作、笑脸、合影摆拍	
赛场	参赛人&机器人	场上(动态)	对抗;攻击堡垒;发射炮弹;奇葩动作	
		搬运机器人、候场	阵列摆拍;单个摆拍;人机合影;场下背景板特写	
	机器人	场下	阵列摆拍;场下背景板特写	
	现场观众	比赛期间	特写;整体	
	裁判、专家、工作人员	比赛期间	特写;整体	
	决赛	比赛期间	欢呼、合影、奖杯、机器人摆拍	
活动场景	建筑	赛前	赛场外景、地方标志性建筑	
	布景	赛前	海报、彩旗、气球、背景板、赛程对阵	
	功能区		备馆、展示区	
	活动		领队会抽签、彩排、企业展	
开/闭幕式	致辞	开/闭幕式	领导	
	领奖		领导、参赛队	
	入场式参赛队阵列	开/幕式	参赛学校;仪式感	
	节目			
媒体		抓住机会就拍	记者采访;腾讯乐视等在现场	电视新闻截图等

注:

(1)所有照片以包含赛事信息为佳;

(2)照片拍摄完自己先做初选并预处理,再上交老师;

(3)请对应表格仔细阅读以下拼图中的每一张图片。

2 举例（略）

3 重要景别的拍摄策划（略）

附件8.6 机器人
大赛照片拍摄素材

附件8.7　机器人大赛视频拍摄素材

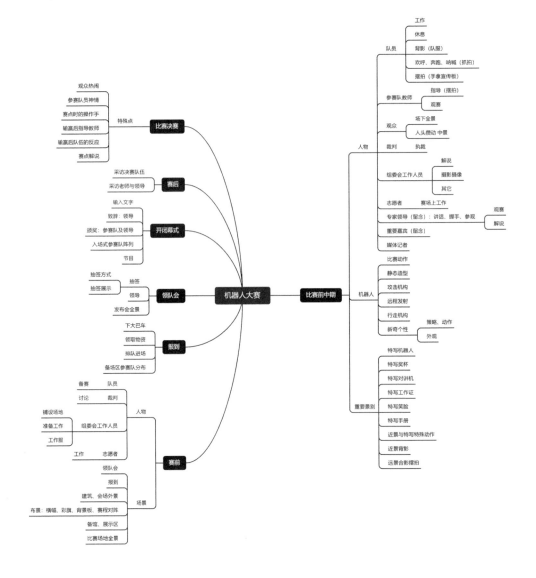